U0248959

一学就会的时尚
编绳技法

超爆淘宝手作店主 / 豆瓣手作达人

庞长华 庞昭华 － 著

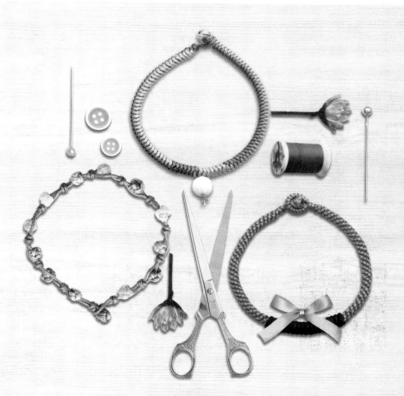

**Fashion
Hand-woven**

武汉大学出版社

淘宝小店"吉颜吉语手作家"的掌柜和小二。

两姐妹以创作中国风手绳为乐。

现居广州,全职妈妈,兼职网店。

微信公众号:吉颜吉语手作家

豆瓣小站:http://site.douban.com/121572/

网店:http://bigbagcat.taobao.com/

微博:http://weibo.com/jiyanjiyugood

扫一扫
更方便

微信

豆瓣

网店

微博

作者的话

　　为什么会迷上编绳？我想是源自绳结那平凡的力量吧。小时候看奶奶拿一根棉绳几截彩线，就能编出一只斑斓的蝴蝶，觉得这技艺很是神奇！一根普通的绳子，经过人手巧思，可以变化出那么多的花样，仿佛魔法，让柔软的绳子变得坚韧，让简单的绳子变得美妙，让普通的饰品有了温暖。

　　更让我着迷的，是这些源自古代的绳结，历经千百年流传下来的技艺，还有它们承载的传说寓意，让我在编结的过程中，感觉到古人的美好情思。每个绳结，都是无声的密码，是中华儿女才能明白的情怀。

　　在经营网上小店这段时间里，认识了不少和我们一样热爱绳结的亲，经常要解答他们的问题。因此我们编写了这本书，借此分享我们这些年对绳结的了解和编绳的经验，希望能帮助对绳结有兴趣的你，轻松上手，迅速成为编绳达人。

　　你可以从头到尾，按部就班阅读本书。第一课有很多实用的基础知识和经验总结，第二课是常用基本绳结编法，每个绳结都有对应的参考作品，你可以学习几个基本结后就尝试一些款式的制作了。第三课到第五课的手绳设计，基本都是由浅入深，你可以根据难度提示，循序渐进安排学习。

　　你也可以先浏览第一课和第二课，然后翻翻后面三课里面，看看喜欢的款式涉及哪些绳结，再回头到第二课，学习相应的基本结。

　　假如真的心急如焚，想立马做出成品，可以直接全书随便翻翻，看到哪个喜欢的款式就学哪一个。现学现卖，体验到编绳的乐趣再说。

　　每款手绳都提供两款延伸设计，编法和样例大同小异，权当抛砖引玉，给有兴趣的读者拓展思路。假如你百思不得其解，又很想知道如何制作，可以通过网络联系我们讨论哦。

　　此书写作过程屡经波折，感谢编辑的耐心与宽容，更要感谢一直支持我们的家人和亲友，在我们最艰难的日子里给予无私的帮助。一根绳子，因为爱而变得格外温暖。衷心希望这本小书，可以为你传递手工绳结的魅力与温度。

第一课
带你认识编绳

第二课
手把手教你基本技法

第三课
试做私房红手绳

第四课
打造情侣相思绳

第五课
创作潮流许愿绳

第一课

带你认识编绳

解答编绳新手最常见的十个问题，
让你快速入门编绳的基础知识。

Q1

编绳常用的线有哪些?

　　和肌肤接触的手绳，一般用柔软美观的线材编织。常用编绳的线有中国结编织线、玉线、五色线、股线等。初学编结时可以用粗一点的线，方便观察线的走向。把绳结掌握好了就可以随意选用需要的线材了。

中国结编织线　带有丝质光泽，光滑柔软。如被锐物勾到，容易出现起毛现象。材质含有棉和尼龙，线头可用小火加热烧粘。手绳中一般会用到5、6、7号线，号数越大，线越细。这类线颜色很多，还有加金线和不加金线的区别。常见的品牌有莉斯、祥宏、明记、承薪、东昶、丽斯等。

玉线　织法紧密，光泽低调，在光照下会出现精细的光泽。材质为锦纶纱，线头可用小火加热烧粘。使用玉线编手绳，常用型号是B线、A线、72号线、71号线。（台湾地区称72号线为AB线，71号线为AA线。）玉线常用于加工玉器配饰，也用于编颈绳手绳使用，颜色丰富多样。有些品牌为了标榜出品优良，也称为珠宝线。常见品牌有芊绵、莉斯、丽斯、蒲公英等。

五色线　织法和材质与玉线类似，使用红、黄、白、青、黑五种颜色编织而成，佛家相传佩戴五色线可辟邪护身。五色线和玉线使用同样的型号标记，但一般同型号的五色线比纯色玉线要稍粗一些。常用型号有A线和72号五色线，颜色上有偏红、偏黄还有加金线的五色线。常见品牌有芊绵和莉斯。

股线　用数股丝线搓拧成线，织法相对松散，线体柔软，线头容易散开。材质是涤纶，常见丝质光泽和棉质光泽两种。线头可用小火加热烧粘，但火烧后容易变黑。常用型号有12股、9股、6股、3股。股数越少，线越细。粗点的股线可直接编手绳，特别细的股线常用于绕在别的线上做装饰。常见品牌有红星、莉斯、金三鱼等。

5号线，直径约2mm，常用作手绳主体芯线，制作较粗的手镯型手绳

6号线，直径约1.8mm，常用作手绳主体芯线，比5号线效果显得精致些

7号线，直径约1.2mm，可直接编制较粗款手绳，也可用作手绳主体芯线

B线，直径约1.5mm，可制作风格较粗犷的手绳

A线，直径约1mm，最常用的编绳线之一，可直接编制手绳或与其他线材搭配

72号线，直径约0.8mm，最常用的编绳线之一，成品比A线要更小巧

71号线，直径约0.5mm，可制作精细款手绳，也可绕在其他线上作为装饰

12股线，直径约0.6mm，可制作精细款手绳，也可绕在其他线上作为装饰

9股线，直径约0.5mm，可制作精细款手绳，也可绕在其他线上装饰

6股线，直径约0.4mm，可制作精细款手绳，也可绕在其他线上装饰

Q2

编绳可以用别的线吗？

　　除了常用的编绳线，也可以用其他材质的线编绳。不同的材质，可以制作出不同风格的手绳，也可以用不同的线一起编，混搭出独特的风格。

蜡线
蜡线外层有蜡样光泽，线头也可用小火加热烧粘。蜡线相对比较硬朗，容易造型。

棉线
天然亲肤材质，朴素无华。注意不可用火烧粘，可用线缝收口。

麻绳
天然材质，可制作出自然森女风效果，不可用火烧粘。如果介意质感粗糙，制作手绳时请慎用。

金银线
织法与股线有些类似，不宜用火烧粘，可用金银线绕在其他线上，或与其他线混编，增添效果。

皮绳
皮绳有圆的也有扁的，一般颜色柔和暗淡，适合做复古风饰品，收口常用金属夹扣。

该准备多少绳子？

　　每一根手绳，根据具体编法和需要的长度，用线量都不一样。以最常见的金刚结编法为例，50cm的线可编金刚结约3.5cm。一般金刚结算是耗线偏多的编法，三股编、四股编会比较少，大概只有金刚结耗线量一半；而十字吉祥结耗线比金刚结要多一倍。编绳前可根据具体手腕尺寸估算。

　　怎么计算手绳成品尺寸？

　　1．用皮尺绕手腕最细处一圈。可量三次取平均值，得出手腕周长。

　　2．假如编纽扣结收尾的手绳，手绳成品长度应比手腕周长多1cm。假如编平结活扣收尾的手绳，在未编活扣前的手绳部分应略小于手腕周长0.5cm。

▼ 各种常用线金刚结粗细对比

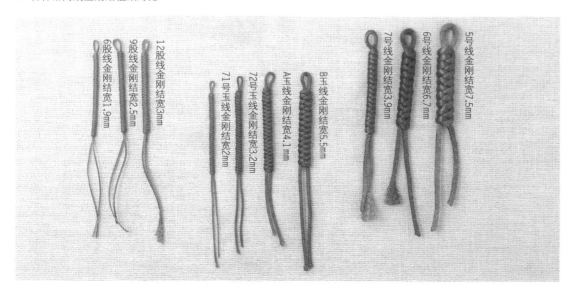

Q4

需要什么工具呢?

剪刀
剪线时,一把锋利的剪刀让切口整齐美观。

镊子
调整绳结时,用镊子可以更得心应手。编结时有些手指够不到的位置,也可以用镊子代替手。

皮尺
软尺子容易收纳,量线也很方便。

打火机
利用打火机小火炙烤线头,可以令线头熔化变硬,防止线头松散,也可以方便穿珠。

珠针
在编制一些较为复杂的绳结时,需要用珠针固定线。

垫板
和珠针配合使用的垫板,也可以用家里一些物品代替,例如包装用的泡沫板,旧海绵垫等。

尖嘴钳
穿珠时,有时线头只露出一点,用尖嘴钳夹住就能很轻松地把线拔出来。使用缎带夹等金属配件时,也需要用钳子压紧成型。

透明胶
没有珠针和垫板的时候,可以用透明胶把线贴在桌子上暂时固定。有些过渡步骤也可以用透明胶先固定形状,之后再调整。

串珠针
穿珠时使用串珠针可以更快更省力。

针线
有些绳结容易松散,使用针线暗缝,可以固定绳结形状。也可以利用针线引线穿珠。

Q5

常用的配件有哪些?

金银配饰

▲ 常用的有纯金路路通、925银珠、小吊坠等。一般珠孔较大，容易穿线。

合金珠子

▲ 合金制作的珠子花样繁多，价格便宜，是很好的练习材料。

亚克力珠子

▲ 亚克力珠子颜色亮丽，价格低廉，珠孔较大，适合用于练习。

琉璃珠和玻璃珠

▲ 手工制作的琉璃珠晶莹剔透，各具特色；玻璃珠色彩丰富，可制作精巧图案。

常用的配件主要有各种材质的珠子，也可以使用缎带夹、龙虾勾等金属搭扣作为手绳收尾用。

陶瓷珠子

▲ 釉彩让陶瓷珠子有温润的色泽，价格也不高。陶瓷珠孔一般较大，容易穿线。

木质珠子

▲ 普通机器制作的木珠一般洞口较大，丰富的染色也可用于制作民族风配饰。但天然的菩提子、桃核等洞口较小，需要注意选用线的粗细。

天然石珠

▲ 常用的有玛瑙、砗磲、珊瑚、水晶、玉石等，一般珠孔较小，需注意用线的粗细。

金属配件

▲ 各类金属搭扣款式多样，常用的有缎带夹、龙虾扣、圈圈、延长链等。

Q6

怎么轻松穿珠子?

根据线材性质，在这里介绍四种穿珠方法。

1 利用打火机

01 / 用打火机的火焰炙烤玉线线头。

02 / 把烧熔的线头粘在打火机铁片上，轻轻往外拉出细丝。

03 / 用烧硬的线穿过珠子。（必要时可用尖嘴钳辅助）

04 / 穿好珠子。

> 有人直接用手捏成需要的粗细，但这比较容易烫伤，务必先考虑自己手指皮肤的耐热能力再尝试。

2 利用串珠针

01 / 拉开串珠针，夹入一段要穿的线。

02 / 串珠针穿过珠子。

03 / 串珠针带着线穿过珠子。

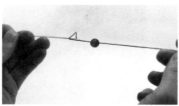

04 / 完全穿好后把线从串珠针里取出即可。

3 利用针线

01 / 细针穿一小段线并打结。把玉线穿过线圈。

02 / 针线穿过珠子。

03 / 稍稍用力把玉线拽动，穿过珠孔。

04 / 完全穿好后把玉线从线圈里取出即可。

这两种方法务必使用强度高些的线，不然容易拽断哟！

4 利用细线引粗线

01 / 细玉线对折穿过珠子，做出一个线圈。

02 / 粗线穿过细线的线圈。

03 / 稍稍用力拉扯细线，把粗线拽过珠孔。

04 / 完全穿好后把粗线从线圈里取出即可。

如何调整绳结位置?

简单说来，就是把一部分的线移到结体的另一边去，所以需要耐心找到线的走向，一点一点调整就可以了。以纽扣结调整为例:

01 / 两个纽扣结距离较远，可调整其中一个位置。

02 / 找到需要缩短的那段粉色绳，用镊子拔松。

03 / 把多余的粉色绳全部移到纽扣结里。

04 / 沿着粉色线在纽扣结里的走向，一点一点移动。

05 / 粉色线最后会被移动到纽扣结的另一端。

06 / 用同样的方法，把红色线也移动到纽扣结的另一端。

07 / 最后两个纽扣结就可以紧密连在一起了。

在调整有耳翼的绳结时（如盘长结），还需要注意耳翼的大小和是否对称，做两次调整会比较好，第一次调整耳翼大小，第二次把绳结调得更为紧密结实。

怎么让绳结不变形？

　　由于佩戴手绳需要反复拉扯绳子，有些绳结会由于受力不均匀而变形，失去原来的美观。市面上有专用的定型胶水，但使用定型胶水往往使线材本身色泽发生变化，因此这里我们推荐用针线暗缝结体的方法固定绳结造型。以酢浆草结为例：

01 / 穿线打结，从绳结的一角，两线重合处中间入针，这样线头可以藏在结体里。注意针要穿入需要固定的线中间，这样才可以固定相邻的绳套。

02 / 把结体旋转180度，用类似的方法，在结体中间入针，把相邻绳套用线联结。

03 / 再次旋转结体，注意这次入针要穿过结体背面，加固联结。

04 / 同样在另一方向用针线固定背面。如有需要，可多缝几次，对角方向也缝几道。

05 / 最后用线在针上绕两圈。

06 / 针从结体中间穿过，扯紧一点再剪线，可把线头藏在结体中间。

011

编绳该如何开头和收尾？

根据线材粗细和具体使用的绳结不同，手绳开头结尾的方式多种多样，大体可以分为四种类型：

1 单向活扣型

编线从一头开始，预留延长绳，从手绳的一端编到结尾，最后用平结活扣把手绳固定为环状，这种制作方法做出的手绳，称为单向活扣型。这种编织方式适用于制作单一花纹，尺寸可调的手绳。

活扣

例　嫣然

编织方向　→

延长绳　　起结　　　　　　　　　收结　　延长绳

2 双向活扣型

编线从中间开始，先做好中间的绳结装饰，再往两边做延伸型绳结作为手环，最后用平结活扣把手绳固定为环状，这种制作方法做出的手绳，称为双向活扣型。这种编织方式适合制作中间用较多线编织绳结装饰的手绳。

活扣

例　约定

←　编织方向　→

延长绳　　收结　　　　　起结　　　　　收结　　延长绳

如何制作手绳活扣

活扣常用平结制作，延长绳部分预留4到5cm就够了。

01 / 把延长绳双向重合，下方放一根线。

02 / 左段线往右弯折成圈，放在右段线下方。

03 / 右段线放在延长绳下方，从左圈中穿出。

04 / 拉紧左右线，做好半个双向平结。

05 / 左线再往右弯折成圈，放在延长绳下方，右线上方。

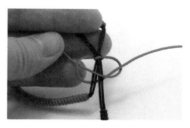

06 / 右线向左弯折，穿过左圈。

07 / 拉紧左右线，做好一个双向平结。

08 / 重复编双向平结，至少做三个。

09 / 测试活扣松紧是否合适，最后剪掉多余的线，用打火机烧粘线头。

延长绳的结尾方式

　　延长绳的结尾可以穿珠子装饰，也可以用不同的绳结收尾，某些不方便用火烧粘的线材，可以自然散开做流苏装饰。

01 / 串珠打结收尾

02 / 金刚结收尾

03 / 雀头结收尾

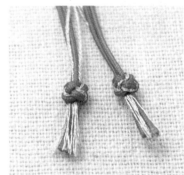

04 / 纽扣结收尾，散开线头做流苏

3 单向纽扣型

编线对折预留扣圈，或者先编一段结再弯折成扣圈，然后从手绳的一端编到结尾，最后用纽扣结把手绳固定为环状，这种制作方法做出的手绳，称为单向纽扣型。这种编织方式适用于制作单一花纹，尺寸固定的手绳。

纽扣

例 十指紧扣

编织方向 →

起结　　　　　　　　　　　　　　　　　收结

4 双向纽扣型

编线对折做手绳中部的绳结装饰，在装饰上端预留扣圈及手绳约一半的长度，另外用编线从手绳的中间往两端编带芯线的延伸型绳结，最后用纽扣结把手绳固定为环状，这种制作方法做出的手绳，称为双向纽扣型。这种编织方式适用于制作中间装饰较简单，尺寸固定的手绳。

}纽扣

例 梦蝶

← 编织方向 →

收结　　　　　　　　　　　　　　　　　收结

起结

扣圈扣子的形式

常见的扣子扣圈形式可参考图上的设计，根据具体线的粗细和手绳编法选用。

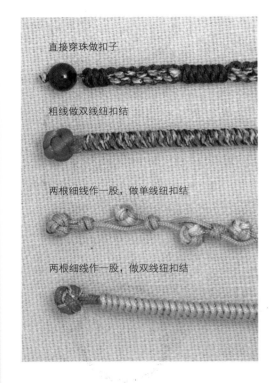

直接穿珠做扣子

粗线做双线纽扣结

两根细线作一股，做单线纽扣结

两根细线作一股，做双线纽扣结

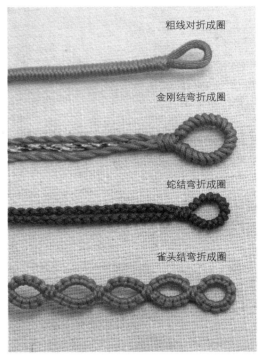

粗线对折成圈

金刚结弯折成圈

蛇结弯折成圈

雀头结弯折成圈

多余的线怎么处理？

一般使用打火机烧粘线头，注意要用小火和利用蓝色内焰，因为这样温度较低，容易控制时间。不推荐用蜡烛火，燃烧时容易有黑色碳颗粒出现。

01 / 剪去多余的线。

02 / 打火机调小火，用蓝色火焰部分炙烤线头，直至线头熔化。

03 / 趁线头熔化时，用打火机的铁片压紧线头。

04 / 这样线头就固定好了。

Q10

如何编出独特的手绳?

1 尝试不同的线材搭配

　　最容易改变手绳风格的方式，就是改变编绳的线材。同样的编法，用玉线编显得精致，换蜡线编就变得随性清新，呈现不一样的韵味。不同粗细线材的搭配，也可以让手绳与众不同。

遇红豆

▲ 假如全部线都用同粗细的玉线编制，中间纽扣结就不够突出显眼，整条手绳也不够硬朗如镯。

2 挑战各种颜色

　　改换线材颜色也是一种简单的创作方式。绳结的结构纹理有自身的韵味，通过颜色的变换，更能增加其表现力。即便是看上去千篇一律大红色的本命年手绳，把部分线换成暗红色、金色或五色线，效果立刻不一样了。

巴黎的云

▲ 发簪结提供了美丽的云彩造型，通过红白蓝三种颜色，搭配出明快的法国风情。

3 把基本结组合起来

　　掌握的绳结越多，通过不同的绳结组合，能够变化出来的手绳就越多。即便只会三四种绳结，也可以通过有趣的组合，创造特别的效果。

双喜

▲ 单向平结的旋转造型，给这原本平淡的手绳添加了趣味。

4 加入珠子等配件

珠子可以给普通的绳子画龙点睛，既可以作为装饰，也可以充当扣子。搭扣等配件可以让一些手绳的接口干净利落些。设计手绳时珠子的搭配也是重要的灵感来源。

花如意

▲ 通过雀头结和珠子巧妙搭配，做成花朵装饰。

待桃红

▲ 只是简单的纽扣结，但三根线一起合编，即便只是单一的红色，也有独特的纹饰，显得低调雅致。

5 用数根线一起编结

一个简单的绳结，用两根或三根线作为一股线一起编，结体更大，纹理更丰富，从而实现更好的装饰效果。

不忘初心

▲ 特意在十字吉祥结中间加入一根芯线，不仅增加手环强度，而且在中间利用芯线做绕线装饰。把芯线藏在十字吉祥结内，减少手绳的线头烧口处，美观且牢固。

6 巧妙利用芯线变化

金刚结、平结等绳结，中间夹有芯线。改变芯线的粗细或数量，可令手环部分变粗。而芯线和编织线的转换，可以让手绳在编制过程中更改颜色，甚至创造出特别的花纹。

7 改变耳翼大小形状

酢浆草结、吉祥结、盘长结等绳结，有数个耳翼。改变耳翼大小甚至形状，可以让绳结变化出特别的效果。

梦蝶

▲ 本是最简单的盘长结，通过扭转耳翼并利用另外的耳翼固定，使得绳结出现蝴蝶造型。

馨谣

▲ 只是剪开吉祥结上端的耳翼，把新增加的两根线弯折下来，吉祥结图案就变丰富了。

8 剪出新思路

不要拘泥绳结本身呈现的图案，剪开耳翼就能变成两根线，再次弯折编织，就变成新的图案了！

9 编绳后再编结

不满足于编绳子，可以用简单编法做出的条带状绳结，再次编简单造型的绳结，增加手绳图案装饰感。

丰年

▲ 先编两色四股编，再用四股编的绳子编蛇结，这样四股编精致的纹理贯穿始终又不觉单调。

手把手教你基本技法

详细图文教你20余种绳结编法，
常用编绳得心应手。

认识绳结

　　这里介绍编绳常用的基本绳结。其中数种适合连续编织成为条带状绳子，称为延伸型绳结。另外一些可以独立成花纹，称为独立型绳结。在实际应用中，其实并不拘泥于此。把独立型绳结连续重复编，也可以获得链状条带，只是由于连接不紧密，手绳显得松散（例如：梅弄影）。合理利用线材，延伸型绳结也可以做出装饰效果（例如：守护）。更多的时候，需要延伸型绳结与独立型绳结灵活组合起来。

1 编与结

　　简单地说，制作过程中假如松开手，绳结会松散变形的，这就叫作编。松手不会松散的，就叫作结。同样是延伸型绳结，编的效果比较柔软，结的效果较硬朗。

P25 二股编
P26 三股编
P27 四股编

▲ 常用的编类延伸性绳结

P28 蛇结
P29 金刚结
P33 金刚结（四线编法）

P35 金刚结（六线编法）
P38 十字吉祥结（方编）
P40 十字吉祥结（圆编）

▲ 常用的结类延伸性绳结

2 芯线与编线

有些绳结需要数根线编织，但编结过程中，有些线并不直接参与，只是作为被包裹的中心，其他线缠绕着它编结，这些编织损耗非常少的线，称为芯线。包裹芯线编结的线，称为编线。

P31
金刚结
（包芯线编法）

P42
平结
（双向）

P44
平结
（单向）

P46
雀头结

P48
斜卷结
（右向）

P47
斜卷结
（左向）

▲ 常见含芯线的绳结

3 挑与压

由线圈叠加而成的绳结，需要分清线与线之间的重叠交叉关系。挑，指的是编线遇到与之交叉的线时，把交叉线挑起，编线在其下穿过。反之，编线在交叉的线上穿过，称为压。

P49
双钱结

P50
双钱环

P52
发簪结

P54
双线纽扣结

P56
单线纽扣结

▲ 常见线圈叠加的绳结

4 穿与翻

　　单结通过穿和翻，可以巧妙构成新的绳结。编线可以穿单结的线圈，亦可穿单结的交叉口。把单结的交叉口分开，从下往上移动，称为翻。

P57　　双联结
P58　　藻井结

▲ 常见由单结组成的绳结

5 耳翼和绳套

　　通过线圈互相套紧构成的绳结，例如酢浆草结和盘长结，绳套之间连接处会形成耳翼。

P60　　吉祥结
P62　　酢浆草结
P63　　团锦结
P65　　盘长结

▲ 常见绳套结构的绳结

二股编

二股编利用两股绳子扭转的力量，把两股线拧紧成一根更结实的绳子，是最古老的一种做绳子的方法。在新石器时代的陶器上已经出现这种绳子的纹饰了！

※二股编参考作品：欢悦（P81）

01 / 把线对折。

02 / 左手按紧左端线圈，右手在约1厘米处按住右端两根线。

03 / 右手食指和拇指按着两根线同时往同一个方向搓。

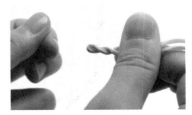

04 / 放开左手，左端两根线自然互相缠绕成麻花状。

05 / 继续用左手按紧已经编好的部分，右手在约1厘米处按着两根线继续搓。

06 / 重复以上步骤即可。

三股编

三股编俗称麻花辫，简单大方。可以用两三根线作一股，这样做出的三股编更宽，纹理更精致。

※ 三股编参考作品：绕不过的缘（P117）

01 / 三根线上方打一个结固定。

02 / 最左边的红线向右边弯折，夹在黄线上方和蓝线下方。

03 / 最左边的黄线向右边弯折，放在蓝线上方。

04 / 最右边的红线向左边弯折，放在黄线上方。现在左边有两根线，和开始时情况一样。

05 / 只要是左边有两根线，就把最左边的线往右弯折，放在中间的线上方。反过来右边也一样。

06 / 如此重复编，就可以编出三色相间的花纹。

四股编

四股编由四面轮转的四根线编成，编出的绳子结实如链，四面的线象征着人生喜怒哀乐四种交织的情感。

※四股编参考作品：诗荷（P186）

01 / 紫线对折打个结，黄线穿过线圈挂在结上。

02 / 左段黄线向右弯折，放在右段黄线上方，构成一个交叉。

03 / 左段紫线向右弯折，放在黄线上方；右段紫线向左弯折，放在黄线下方。两段紫线构成另一个交叉，但左段紫线放在右段紫线下方，和黄线的交叉方向相反。

04 / 如第二步，左段黄线向右弯折，放在紫线下方；右段黄线向左弯折，放在紫线上方。左段黄线置于右段黄线上方构成一个交叉。

05 / 如第三步，用紫线做出另一个交叉。注意编的时候要逐步收紧之前编好的部分。

06 / 重复以上步骤，就做出四面轮转的四股编了。

蛇结

蛇结由两个线圈缠绕而成，形如蛇体，纹理简洁大方，正反面纹理相同，结体稍有弹性。

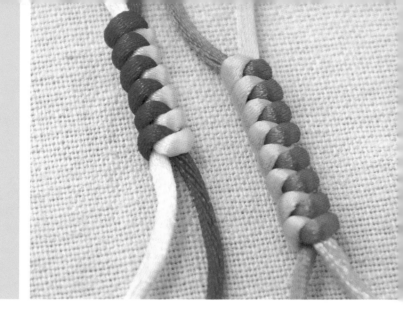

※蛇结参考作品：丰年（P168）

01 / 左手拿两根线。

02 / 下方的黄线往后弯折，包着红线做一个圈。

03 / 红线也包着黄线做一个线圈，并从黄圈中穿出。

04 / 拉紧黄线，固定红圈。

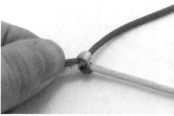

05 / 拉紧红线，做好一个蛇结。

06 / 重复以上步骤，连续编蛇结，就做出交错的花纹。

金刚结

　　金刚结纹理与蛇结很相像，但是金刚结的正反面纹理稍有差别。金刚结是连续编结，两绳回环缠绕，紧密结合，一旦打成，难以解开，故有"稳固刚硬"之意。相传能护身辟邪。

※金刚结参考作品：启程（P75）

01 / 左手拿两根线。

02 / 下方的黄线向后弯折，包着红线做一个圈。

03 / 红线绕左手食指做圈，穿过黄圈。

04 / 扯紧黄线，固定红圈。

05 / 把整个结从前往后，上下翻转。注意之后每次做好半个结时都要保持这样的方向翻转。此时红线做好的圈竖直。

06 / 黄线绕左手食指做圈，穿过红圈。

07 / 扯紧红线，固定黄圈。

08 / 按照之前翻转的方向，把结体上下翻转，重复之前步骤，用红线绕着食指做圈，并穿过黄圈。

09 / 扯紧黄线，固定红圈。

10 / 按照之前翻转的方向，把结体上下翻转，重复之前步骤，用黄线绕着食指做圈，并穿过红圈。

11 / 扯紧红线，固定黄圈。

12 / 如此重复之前步骤，结束编结时，扯紧所有线圈即可。

技法应用

金刚结有整齐的纹理，花纹和蛇结相似。右图的手绳用蛇结或金刚结制作均可。但与蛇结相比，金刚结的结构更为结实，不易变形。

金刚结应用

金刚结（包芯线编法）

金刚结用两线回环缠绕而成，因此中间可以加入芯线，使结体更浑圆结实。

※ 金刚结（包芯线做法）
参考作品：守护（P77）

01 / 取四根线，中间大红两根做芯线，用粉色和黄色两线做金刚结。

02 / 下方的粉色线往后弯折，包着其他三根线做一个圈。

03 / 黄线绕左手食指做圈，穿过粉色线圈。

04 / 扯紧粉色线，固定黄圈。

05 / 把整个结从前往后，上下翻转。注意之后每次做好半个结时都要保持这样的方向翻转。此时黄线做好的圈竖直。

06 / 粉色线绕左手食指做圈，穿过黄圈。注意每一次做圈，都会把大红的两根线包在中间。

07 / 扯紧黄线，固定粉色线圈。

08 / 按照之前翻转的方向，把整个结体翻转，粉色线圈竖直，用黄线绕左手食指做圈并穿过粉色线圈。

09 / 扯紧粉色线，固定黄圈。

10 / 按照之前翻转的方向，把整个结体翻转，黄色线圈竖直，用粉色线绕左手食指做圈并穿过黄色线圈。

11 / 扯紧黄线，固定粉色线圈。

12 / 不断重复之前步骤，注意每次做圈都把大红色线包在里面即可。

技法应用

包芯线金刚结可以通过编线和芯线互换，做出不同颜色效果。换线时编法可参考四线金刚结。同样是用四根线编金刚结，包芯线金刚结窄小一些，四线金刚结由于四根都是编线，结体相对宽大硬朗些。

金刚结（包芯线）应用

金刚结（四线编法）

金刚结亦可用四线回环缠绕而成，只需按照一定顺序绕圈就能做出交错的花纹。

※ 金刚结（四线编法）

参考作品：素年锦时（P84）

01 / 左手拿着四根线，下方的红线往后弯折，包着另外三根线做一个圈。

02 / 上方的红线绕食指做一个圈，从竖立的红圈中穿出。

03 / 收紧竖立的红圈，固定食指上的红圈。

04 / 把结体上下翻转，又会出现一个竖立的红圈。

05 / 取黄线绕食指一圈，穿过竖立的红圈。

06 / 收紧竖立的红圈，固定食指上的黄圈。

07 / 把结体上下翻转，又会出现一个
竖立的黄圈。

08 / 取另一根黄线绕食指一圈，穿过
竖立的黄圈。

09 / 收紧竖立的黄圈，固定食指上的
黄圈。

10 / 把结体上下翻转，又会出现一个
竖立的黄圈。

11 / 取上方红线绕食指一圈，穿过竖
立的黄圈。

12 / 收紧竖立的黄圈，固定食指上的
红圈。

13 / 把结体上下翻转，又会出现一个
竖立的红圈。

14 / 如之前步骤，用红线绕食指做圈
并穿过竖立的红圈，收紧竖立的
红圈固定。

15 / 如此重复，每种颜色做两次圈打
结，就能做出两色相间的四线金
刚结。

金刚结（六线编法）

金刚结理论上可用偶数线回环编织，只是线越多，结体越粗而紧密。用六线可以做出三种颜色交错的效果。

※金刚结（六线编法）
参考作品：巴黎的云（P177）

01 / 左手拿着六根线，颜色排列整齐。

02 / 下方的黄线往后弯折，包着另外五根线做一个圈。

03 / 上方的黄线绕食指做一个圈，从竖立的黄圈中穿出。

04 / 收紧竖立的黄圈，固定食指上的黄圈。

05 / 把结体上下翻转，又会出现一个竖立的黄圈。

06 / 取蓝线绕食指一圈，穿过竖立的黄圈。

07 / 收紧竖立的黄圈，固定食指上的 蓝圈。

08 / 把结体上下翻转，会出现一个竖 立的蓝圈。

09 / 取另一根蓝线绕食指一圈，穿过 竖立的蓝圈。

10 / 收紧竖立的蓝圈，固定食指上的 蓝圈。

11 / 把结体上下翻转，又会出现一个 竖立的蓝圈。

12 / 取红线绕食指一圈，穿过竖立的 蓝圈。

13 / 收紧竖立的蓝圈，固定食指上的 红圈。

14 / 把结体上下翻转，又会出现一个 竖立的红圈。

15 / 取另一根红线绕食指一圈，穿过 竖立的红圈。

16 / 收紧竖立的红圈，固定食指上的红圈。

17 / 把结体上下翻转，又会出现一个竖立的红圈。

18 / 又从黄色开始，用黄色线绕食指一圈穿过竖立的红圈，收紧红圈固定手指上的黄圈。

19 / 翻转结体，再用黄线绕食指一圈，穿过竖立的黄圈，收紧竖立的黄圈，固定手指上的黄圈。

20 / 如此重复，每种颜色做两次圈打结，就能做出三色相间的六线金刚结。

技法应用

六线金刚结本身具有三种颜色的排列，单独作为手绳主体已经极具装饰感。需要注意的是，由于六线互相包裹，耗线量比两线金刚结大很多。

六线金刚结应用

十字吉祥结（方编）

　　十字吉祥结由四根线按"井"字编织，寓意四方吉祥、十全十美。

※ 十字吉祥结（方编）
参考作品：爱的密码（P127）

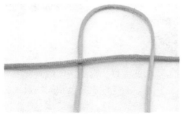

01 / 取两线呈十字形摆放，竖向的粉色线放在横向黄色线的下方。记住以这个交叉点为中心而构成的十字。

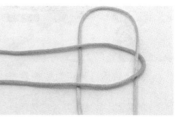

02 / 十字上方的粉色线向右下弯折，放在十字右边的黄色线上。

03 / 十字右边的黄色线向左弯折，放在十字下方的粉色线上。

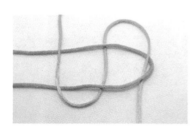

04 / 十字下方的粉色线向左上弯折，放在十字左边的黄色线上。

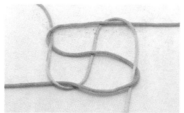

05 / 十字左边的黄色线向右弯折，并穿出粉色线圈。这样十字四边的线互相交织成一个井字形。

06 / 拉紧四边的线，仍把粉色线放成竖向，黄色线横向，构成一个十字。

07 / 十字上方的粉色线向左下弯折，放在十字左边的黄色线上。

08 / 十字左边的黄色线向右弯折，放在十字下方的粉色线上。

09 / 十字下方的粉色线向右上弯折，放在十字右边的黄色线上。

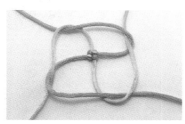

10 / 十字右边的黄色线向左弯折，并穿出粉色线圈。这样十字四边的线互相交织成与之前方向不同的井字形。

11 / 拉紧四边的线，仍把粉色线放成竖向，黄色线横向，构成一个十字。

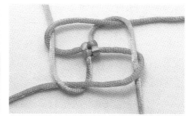

12 / 重复步骤二到五，再一次用四根线交织成井字形，注意上方粉色线先往右下弯折。

13 / 拉紧后，重复步骤七到十，再一次用四根线交织成井字形，注意上方粉色线先往左下弯折。

14 / 反复做不同方向的井字形编结，即可做出方柱状的十字吉祥结。

十字吉祥结（圆编）

十字吉祥结编法稍微调整一下，可编出圆柱形结体，又常被称为玉米结。

※十字吉祥结（圆编）
参考作品：不忘初心（P144）

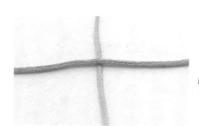

01 / 取两线呈十字形摆放，竖向的粉色线放在横向黄色线的下方。记住以这个交叉点为中心而构成的十字。

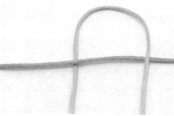

02 / 十字上方的粉色线向右下弯折，放在十字右边的黄色线上。

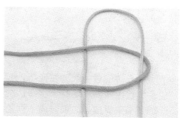

03 / 十字右边的黄色线向左弯折，放在十字下方的粉色线上。

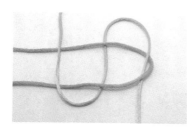

04 / 十字下方的粉色线向左上弯折，放在十字左边的黄色线上。

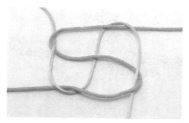

05 / 十字左边的黄色线向右弯折，并穿出粉色线圈。这样十字四边的线互相交织成一个井字形。

06 / 拉紧四边的线，仍把粉色线放成竖向，黄色线横向，构成一个十字。

040

  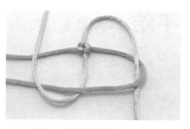

07 / 十字上方粉色线再次往右下弯折，放在十字右边的黄色线上。

08 / 十字右边的黄色线向左弯折，放在十字下方的粉色线上。

09 / 十字下方的粉色线向左上弯折，放在十字左边的黄色线上。

10 / 十字左边的黄色线向右弯折，并穿出粉色线圈。这样十字四边的线互相交织成一个井字形。

11 / 拉紧之后，重复之前的步骤，每一次都是十字上方的线往右下弯折，即可做出圆柱形的十字吉祥结。

技法应用

十字吉祥结弹性较大，可以在结体中心加芯线，这样可以保持手绳长度固定，并且能增加手绳强度，甚至可以利用加入的芯线做绕线装饰。

十字吉祥结（圆编）应用

平结（双向）

平结的纹样，最早可见于汉代一块绳纹玉佩。平结亦出现在西洋结艺里，常用于手编粗蕾丝（macramé）。双向平结因结形方正平实，常象征富贵平安、四平八稳、平步青云。

※ 平结（双向）参考作品：嫣然（P70）

01 / 取一根线放在黄色芯线下方。

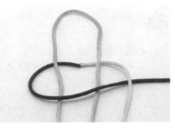

02 / 左边红线往右弯折，放在右边粉色线下方。

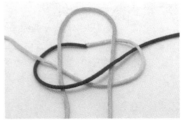

03 / 粉色线往左弯折，放在黄色芯线下方，从红圈里穿出。

04 / 拉紧左右两线，此时粉色线位于左边，红色线位于右边。

05 / 粉色线往右弯折，放在黄色芯线下方，红色线的上方。

06 / 红色线往左穿出粉色圈。

07 / 拉紧左右两线，此时红色线又回到左边，粉色线回到右边。此时已做好一个双向平结。

08 / 继续编结只需按照之前步骤，先是左边红线在芯线上方，右边粉色线在芯线下方。

09 / 拉紧后，改变方向，左边粉色线在芯线下方，而右边红色线在芯线上方。

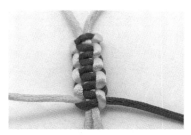

10 / 每一次都换一次方向，就能编出平整的双向平结。

技法应用

平结的变化非常多，可以通过编线与芯线互换，增加并排编结个数，加入珠子等方式，做出千变万化的平结手绳。

平结（双向）应用

平结（单向）

单向平结能让结体呈现螺旋状立体造型，仿佛一道旋转楼梯，是别致的装饰结。

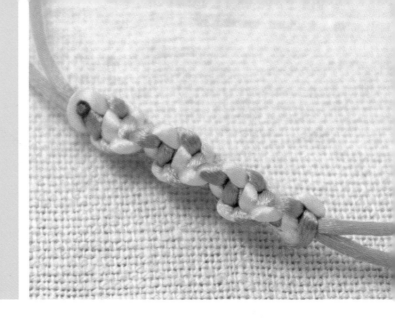

※ 平结（单向）参考作品：双喜（P90）

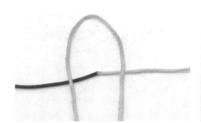

01 / 取一根线放在黄色芯线下方。

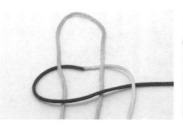

02 / 左边红线往右弯折，放在右边粉色线下方。

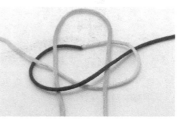

03 / 粉色线往左弯折，放在黄色芯线下方，从红圈里穿出。

04 / 拉紧左右两线，此时粉色线位于左边，红色线位于右边。

05 / 和之前步骤一样，左边粉色线往右弯折，放在黄色芯线上方，并放在右边红色线下方。

06 / 右边的红色线往左弯折，放在黄色芯线下方，从粉色圈里穿出。

07 / 一直保持这个方向编结，左边的
线位于芯线上方，右边的线位于
芯线下方。

08 / 编几次就会发现结体有旋转的趋
势，无法平整。

09 / 连续编可以做出颜色交错并像旋
转楼梯一样的图案。

技法应用

单向平结具有立体的形状，用
渐变颜色制作效果较为出彩。
亦可以在同一芯线上多加一条
编线，交错编结，即可做出双
色螺旋效果。

平结（单向）应用

平结（单向）应用

雀头结

雀头结在中国和西洋绳结里都有出现，纹理整齐美观，常寓意心情雀跃，喜上眉梢。一般用两线编织，技艺稍加变化，换用一卷细棉线用梭子编织，则成西洋古老的梭编蕾丝技法。

※雀头结参考作品：永恒（P79）

01 / 左手拿两根线，上方黄线从前往后绕着粉色线做圈。

02 / 黄线从后往前绕着粉色线做第二个圈。

03 / 拉紧两个线圈，就是一个雀头结。

04 / 重复之前步骤，粉色线做芯，黄线从前往后绕圈。

05 / 黄线从后往前绕粉色线做圈。

06 / 抽紧黄线，即成连续的雀头结。

斜卷结（左向）

斜卷结以一线为轴，另一线缠绕做结，可连续编结，变换轴线则可改变花纹走向。在手绳编织里可构成变化多样的花纹，欧美流行的友谊手绳多用斜卷结编法。编结时线的走向往左的，称为左斜卷结；反之为右斜卷结。

※ 斜卷结（左向）参考作品：清喜（P102）

01 / 蓝线为轴线，彩线放在蓝线下面，往右上弯折做圈，放在自身和蓝线下方。

02 / 彩线再往左上弯折做圈，放在自身上方，在蓝色轴线下穿出。

03 / 拉紧两个线圈即成一个左斜卷结。

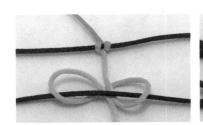

04 / 可以再加轴线，按照前面的步骤连续编结。

05 / 轴线越多，斜卷结就能组成一排。

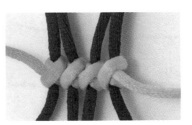

06 / 轴线竖放时反面的左斜卷结，十字交叉上斜线往左。

斜卷结（右向）

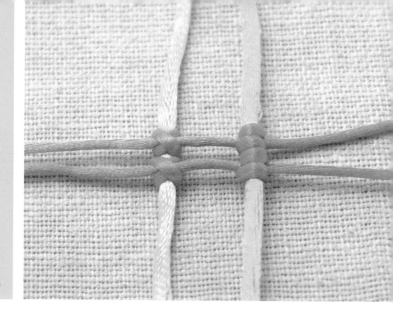

无论左右斜卷结，正面看都是两个小线圈，但当轴线竖放时从反面看，左斜卷结的十字交叉上是向左的斜线，右斜卷结则相反，是向右的斜线。有些编织作品中，可利用斜卷结的反面纹理，也有独特效果。

※斜卷结（右向）参考作品：梦田（P158）

01 / 蓝线为轴线，彩线放在蓝线下面，往左上弯折做圈，放在自身和蓝线下方。

02 / 彩线再往右上弯折做圈，放在自身上方，在蓝色轴线下穿出。

03 / 拉紧两个线圈即成一个右斜卷结。

04 / 可以再加轴线，按照前面的步骤连续编结。

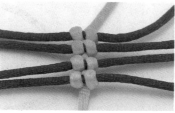

05 / 轴线越多，斜卷结就能组成一排。

06 / 轴线竖放时反面的右斜卷结，十字交叉上斜线往右。

双钱结

早在汉代砖画上就有龙尾或女娲伏羲蛇尾交织成双钱结形，故此结原始寓意"生生不息"。后世把此结命名为"双钱结"，皆因形状像两个铜钱套在一起，附以"财运亨通"之意。也因谐音"双全"而有"福禄双全"的意思。

※双钱结参考作品：圆缘扣（P124）

01 / 把绳子对折，注意区分左右线。

02 / 左边红色线往右盘出一个圈，放在右边粉色线上。

03 / 右边粉色线往左盘出另一个圈，注意粉色线压在红色线尾上面，并穿过中间的线圈。

04 / 粉色线向下穿出，注意先压红色线圈，然后挑粉色线，最后压在红色线圈上穿出。

05 / 调整绳结即可。

双钱环（菠萝结）

　　双钱环因其形状像菠萝，也常被称作"菠萝结"。其实它是双钱结的变体，中间孔洞可根据具体需要变化，常作为编绳中的装饰用结。

※双钱环参考作品：蓓蕾（P96）

01 / 弯折一个线圈，右线在左线上方。

02 / 继续用右线弯折第二个线圈，放在第一个线圈上方。

03 / 右线从左线下方穿过。

04 / 右线继续往左上方穿出，依次为线圈二上方，线圈一下方，线圈二上方，线圈一下方，做好第三个线圈，构成一个双钱结。

05 / 右线穿回左线起始处内侧，沿着已经做好的双钱结再穿一次。

06 / 穿好后线又回到起始的地方。

07 / 余线从起始的两线交会处穿出。

08 / 用棍状物（笔芯、牙签等）穿过结体中间的方孔。

09 / 右手把结体轻轻往左推拢成立体形状。

10 / 把结体一点点抽紧成球形。

11 / 剪去多余线，用打火机烧粘线头。

12 / 取出棍状物即可。

技法应用

双钱环可以作为珠子装饰手绳，例如穿在手绳中间或者延长绳的结尾，效果都很出彩。缺点是假如烧粘线头做得不好，容易变形松散。

双钱环应用

发簪结

发簪结可以看作是双钱结的复杂变形，它很像一朵云彩，古代用作装饰用，取"华美"之意。

※发簪结参考作品：同心锁（P136）

01 / 把线对折，分左右两线。

02 / 右边红色线向左弯折放在左边的粉色线上，然后粉色线向右弯折，穿过红色圈。此时左右下方各有一个半月形圈。

03 / 两个半月形圈同时往右边翻折，形成两个线圈。

04 / 左上方红线往右下弯折，放在左边粉色圈下方。

05 / 右边整个红色线圈穿过左边红线下方，压着粉色线圈。

06 / 右上粉色线往左下穿，依次是压红色线，挑粉色线，压红色线，挑粉色线，压红色线。

07 / 发簪结初步编完。

08 / 调整绳结。

发簪结的纹理很美，尤其是加入不同颜色的线一起编织时，花纹更有层次感。编织时可以先用一根线做一个发簪结，然后逐步加入其他线，也可以直接用几根线一起编，然后把线慢慢整理好。

发簪结应用1

发簪结应用2

双线纽扣结

双线纽扣结是最有实用价值的绳结之一，很长一段时间以来，中国人的衣服上只有这种扣子。在汉代石画像上，已发现刻有纽扣结的纹样。纽扣结立体浑圆，却又纵横交错，很难打开，因此寓意关系亲密，有"难舍难分"之意。

※双线纽扣结参考作品：待桃红（P73）

01 / 把线对折，左手捏住。

02 / 下方黄线往左弯折做一个圈。

03 / 把整个黄圈往左折。

04 / 粉色线绕着左手食指一圈。

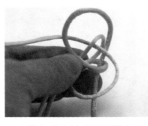

05 / 粉色线穿过黄圈和粉色圈。

06 / 粉色线再穿出黄色圈。

07 / 左手松开，整理一下如图。

08 / 粉色线绕过竖着的黄色线，穿入中间方孔。

09 / 黄色线绕过竖着的粉色线，穿入中间方孔。

10 / 扯紧上下两端的线，就能看到纽扣结的雏形了。

11 / 调整绳结形状和位置即可。

技法应用

纽扣结的形状滚圆，无论是作为手绳收尾还是手绳装饰，效果都很好。用多线进行编结，纽扣更大，纹理更丰富。

纽扣结应用

单线纽扣结

单线纽扣结形状和双线纽扣结相似，只是结体两端只有一根线穿出。

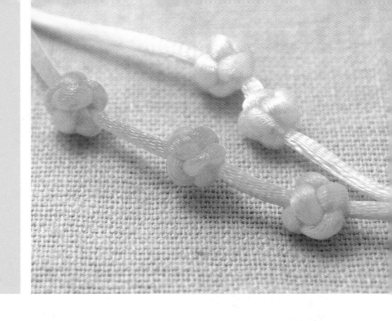

※单线纽扣结参考作品：丁香语（P171）

01 / 右端线向左弯折做圈一，右线放在左线上。

02 / 右线继续弯折做圈二，放在圈一上方。注意这与双钱结不同，右线仍放在左线上。

03 / 右线往左上方穿出，依次在圈二上，圈一下，圈二上，圈一下，和双钱结的走线一样做圈三。

04 / 最后从圈三上方，圈二和圈一交叉处下方，从中间孔穿出。

05 / 轻轻抽拉左右两线，拢成立体形状。

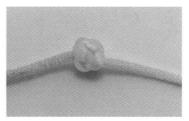

06 / 逐步抽紧线，即可调整出球状的单线纽扣结。

双联结

　　现存最古老的双联结纹样，出现在一座唐初三彩宫女俑裙子后方的飘带上。双联结由两个单结组成，互相套合，紧密难拆。整个结体浑圆，用来分隔和收口都非常有用。因"联"与"连"谐音，常隐喻为好运相连、连年有余等。

※双联结参考作品：遇红豆（P165）

01 / 左手拿两根线。

02 / 下方的红线往后弯折，包着粉色线做一个圈。

03 / 粉色线也往后弯折做一个圈，注意粉色线尾放在两根线的下方，与红色线平行。

04 / 粉色线从粉色圈和红色圈重合的部分中穿过。

05 / 红色线只穿过红色圈，注意不穿过粉色圈。

06 / 放松线圈，稍加整理，两个单结呈十字交叉状。

07 / 拉紧结体即可。

藻井结

藻井结中心有"井"字图案，于是以古代宫殿天花板装饰藻井命名。因其方正平整，故常寓意"井然有序"。

※藻井结参考作品：心安处（P139）

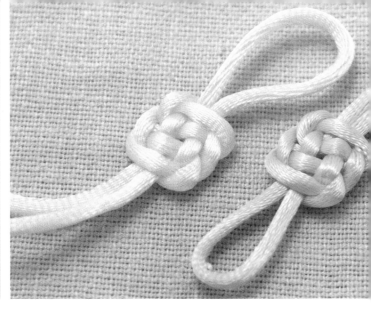

01 / 把线对折分左右，左边粉色线往右弯折做圈，放在右边红色线下。

02 / 右边红色线穿出粉色圈，做成一个松松的单结。

03 / 按同样方向（左线先放右线下打结），继续做三个同样松松的单结。

04 / 右边红线往上弯折，放在第一个线圈下方，然后穿过四个松松的单结中间。

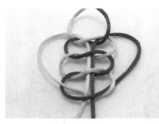

05 / 左边粉色线往上弯折，放在第一个线圈上方，然后穿过四个松松的单结中间。

06 / 然后要把最后一个松松的结往上面翻。可以先把结体逆时针旋转90度，用右手手指穿过最后一个松松的单结的中间，按紧另外三个单结以及已经穿入的线。

07 / 左手轻轻把环绕在右手手指上的线圈往左翻，注意前面的红色线和背面的粉色线都要翻，右手依然要按紧其余部分。

08 / 返回开始编结的方向，拉紧上下四根线，即可见到最上方出现一个井字形状的结。

09 / 仿照之前步骤，右手手指穿过最下面的单结中间，按紧结体其余部分。

10 / 左手轻轻把环绕在右手手指上的线圈往左翻。

11 / 拉紧中间的井字形状部分。

12 / 抽紧对称的两个线圈。

13 / 返回原来编结方向，再把多余的线调整到两端。

14 / 最后就能调整出方形的藻井结。

吉祥结

吉祥结的雏形，最早出现在一座北周的石观音腹前的飘带上。吉祥结常出现在中国僧人的服饰和庙堂装饰中，寓意吉利祥瑞、幸福如意。

※吉祥结参考作品：馨谣（P183）

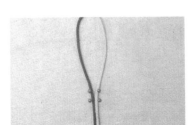

01 / 取线对折。

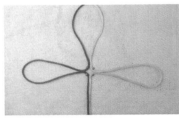

02 / 左右拉出两个线圈，大小和上方的线圈差不多。上面线圈、左右线圈和下方的线构成一个十字。

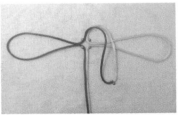

03 / 上方线圈往右下弯折，放在右边线圈上方。

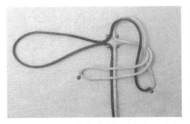

04 / 右边线圈往左弯折，放在下方两线上。

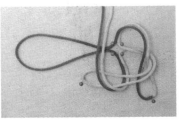

05 / 下方两线往上弯折，放在左边线圈上。

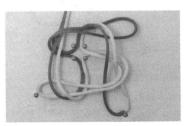

06 / 左边线圈向右弯折，穿出上方线圈弯折出的绳套。这样构成一个交织的井字形。

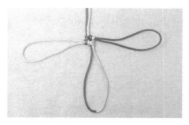

07 / 拉紧结体四边。此时又出现一个新的十字。

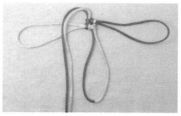

08 / 十字上方的双线往左下弯折，放在左边线圈上。

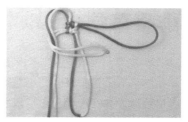

09 / 左边线圈往右弯折，放在下方线圈上。

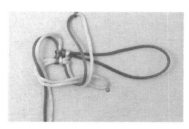

10 / 下方线圈往上弯折，放在右边线圈上。

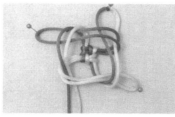

11 / 右边线圈往左弯折，穿出上方双线弯折出的绳套。这样构成一个相反方向的交织井字形。

12 / 拉紧结体四边。

13 / 调整耳翼大小即可。

技法应用

吉祥结的耳翼容易松，除了用针线暗缝固定之外，还可以在耳翼穿珠子，令耳翼不能滑动。

吉祥结应用

酢浆草结

酢浆草结中心由四个绳套构成"井"字形，每个耳圈如小花瓣，结形精致可爱。在宋代已出现以酢浆草结做装饰纹式的瓷盒。

※酢浆草结参考作品：一念花开（P106）

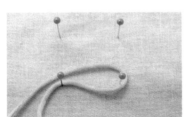

01 / 黄色线绕一个线圈，作为第一个套。

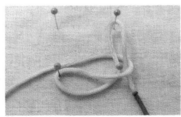

02 / 做第二个线圈，穿入第一个套里，作为第二个套。

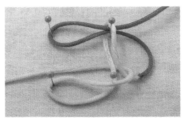

03 / 红色线做第三个线圈，穿入第二个套里，作为第三个套。

04 / 红色线做最后的第四个套，第四个套既要穿入第三个套也要包着第一套的尾部，所以先穿入红色第三个套，并穿过黄色第一个套上方。

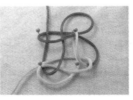

05 / 红线折回做第四个套，在黄色第一个套底下穿回，并穿入红色第三个套出来。

06 / 抓着结体四边，扯紧中间四个套。

07 / 调整耳翼大小即可。

团锦结

　　团锦结由六个绳套构成，在酢浆草的编法上加以变化，结体更为牢固，形如六瓣花朵，寓意花开富贵、锦绣如意。唐代的一把精美银壶上的舞马衔杯图上，就有团锦结的纹饰。

※团锦结参考作品：梅弄影（P196）

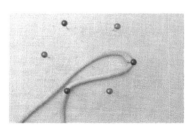

01 / 用六根珠针在垫板上钉出一个六边形，从线的左端开始，先在两根蓝色珠针之间做第一个绳套。

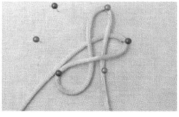

02 / 右端线穿过第一个绳套，勾在两根绿色珠针之间，做第二个绳套。

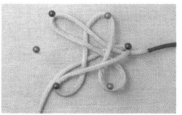

03 / 右端线穿过第一个和第二个绳套，勾在两根蓝色珠针之间，做第三个绳套。

04 / 类似的，右端线继续穿过第二个和第三个绳套，勾在两根绿色珠针之间，做第四个绳套。

05 / 第五个绳套需要套住第一个绳套的尾部，因此，线先穿过黄色的第三个套和红色的第四个套，跨过第一个套的尾部，从第一个耳翼处穿出。

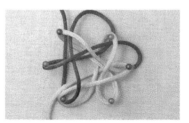

06 / 线折回，包着第一个套的尾部，在第一个套底下穿回，并穿过红色的第四个套和黄色的第三个套，完成第五个绳套。

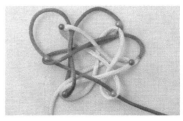

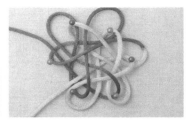

07 / 最后的第六个套，需要套住第二个绳套的尾部，因此，线先穿过红色的第四个套和第五个套，跨过第二个套的尾部，从第二个耳翼处穿出。

08 / 线折回，包着第二个套的尾部，在第二个套和第一个套底下穿回，并穿过红色的第五个套和第四个套，完成第六个绳套。

09 / 收紧六个绳套，结体中心成旋转的六角形。

10 / 根据需要调整耳翼大小即可。

 技法应用 团锦结形似花朵，将线的一端穿回结体，可构成六瓣花形状，独特而美丽。缺点是容易变形，务必用针线暗缝固定形状。

团锦结应用

盘长结

盘长结由酢浆草结编法变化而来，结体方正，盘根交错，被视为佛家八宝之一，有"永远长久"之意。在明代孝宗坐像里，可清晰见到龙座旁边挂有盘长结的珠络装饰。

※ 盘长结参考作品：桃源记（P99）

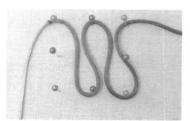

01 / 用八根珠针在垫板上钉出一个正方形。把线对折，右边的红线先绕出两个竖向线圈，作为右线的两个竖套。

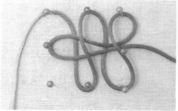

02 / 右边红线继续做横向线圈，穿入两个竖套。

03 / 右边红线做第二个横向线圈，也穿入两个竖套。

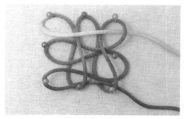

04 / 右边红线做完两个竖套和横套，现在左边黄线开始做第一个横套，黄线先横跨红线的竖套，穿出横排第一个红色耳翼。

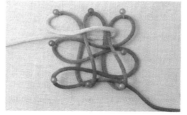

05 / 黄线折回做第一个横向绳套，从两个红色竖套底下穿出，此时可利用镊子或钩针帮助穿线。

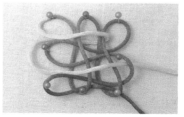

06 / 黄线继续做第二个横向绳套，在两个红色横套之间，跨过两个红色竖套，穿出横排第二个红色耳翼。

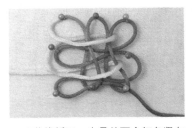 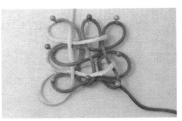 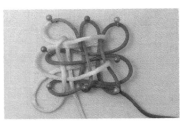

07 / 黄线折回，也是从两个红色竖向绳套底下穿出，做成第二个横向绳套。

08 / 黄线开始做第一个竖向绳套，先穿入红色横套，跨过黄色横套，再穿入红色横套，再跨过黄色横套，从顶上耳翼穿出。

09 / 黄线折回，穿过黄色横套底下，穿入红色横套，再穿黄色横套底下，最后穿出红色横套，做好第一个黄色竖套。

 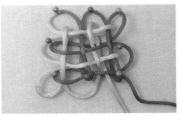 

10 / 黄线继续做第二个竖向绳套。和第一个竖套类似，先穿入红色横套，跨过黄色横套，再穿入红色横套，再跨过黄色横套，在红色耳翼中穿出。

11 / 黄线折回，穿过黄色横套底下，穿入红色横套，再穿黄色横套底下，最后穿出红色横套，做好第二个黄色竖套。

12 / 收紧各绳套，把结体抽紧调节整齐。

13 / 根据需要调整耳翼大小即可。

盘长结形状方正，不易变形，用两根线为一股编织，纹理更为美丽，耳翼的变化也可以更丰富多彩。

盘长结应用

第三课

试做私房红手绳

为自己编一根红手绳，
试验已经掌握的基本技法吧！

平安

★☆☆☆☆

声声悦耳铜铃响
天天祈祷福安康
美愿丝绳心缠绕
岁岁家人齐平安

材料： 72号玉线大红色3.5米1根，虎头铜铃1个
尺寸： 手绳粗约5mm。样品适合15cm手腕
制作时间： 1小时
绳结组成： 金刚结P29，金刚结（包芯线）P31

拓展设计

A__用墨绿衬托藏银莲
蓬，构成腕间的文艺
范儿。

B__超细的粉红玉线，
和粉色珊瑚一起制造
甜美。

A

B

01 / 把线对折，从距左端约40cm处开始，做金刚结。

02 / 金刚结部分做约3cm。

03 / 把红色金刚结段弯折成圈，两根长的线包着预留较短的线做包芯线金刚结。

04 / 稍为固定时可用铜铃测试线圈大小是否合适，做三个包芯线金刚结固定好线圈。

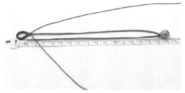

05 / 预留的40cm线穿过铜铃，并弯折回线圈处，根据手腕宽度确定铜铃位置。

06 / 确定好手绳长度后，用长线包着对折而成的四根线做包芯线金刚结。

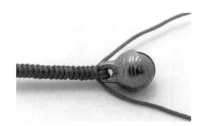

07 / 一直编到铜铃处结束金刚结。把多余的线剪去，用打火机烧熔线头粘紧。

08 / "平安" 完成。

＋ 小贴士

▶ 开头做线圈的金刚结，长度接近能包围铜铃一圈即可，因为之后用金刚结固定线圈时会增加一点宽度。

▶ 如果结尾穿珠子，可以从第三步开始，一直做包两线的金刚结，到末尾时用两根芯线穿珠子打结固定即可。

嫣然

★☆☆☆☆

似开未开最有情　桃花嫣然出篱笑

材料： A号玉线玫红色1米2根，A号玉线粉红色1米2根
尺寸： 手绳宽约0.8cm。样品适合15cm手腕
制作时间： 40分钟
绳结组成： 平结（双向）P42，蛇结P28

拓展设计

A__四种不同的蓝，交
织出海洋的旋律。

B__渐变的颜色，透明
的玻璃珠子映衬出彩虹
般光芒。

A

B

01 / 预留约10cm的线，用粉红色线做芯线，玫红色线做两个双向平结。

02 / 以右边玫红色线做芯线，两根粉红色线开始做平结。

03 / 粉红色线继续做双向平结第二部分。

04 / 扯紧粉红色平结。

05 / 以左边粉红色线做芯线，两根玫红色线开始做平结。

06 / 玫红色线继续做双向平结第二部分。

07 / 扯紧玫红色平结。

08 / 重复之前步骤，轮流用右边玫红色线和左边粉红色线做芯线，一直做双向平结，直到做到所需要的长度。

09 / 长度确定后，以两根粉红色线做芯线，用玫红色线做平结。

10 / 扯紧第一部分平结，注意要调平整。玫红色线继续做平结第二部分。

11 / 玫红色线一共做两个双向平结。

 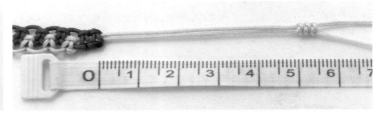

12 / 剪去手绳两端多余的玫红色线，并用打火机烧熔线头粘紧。

13 / 两端剩余的粉红色线预留5cm做延长绳，做三个蛇结。

14 / 剪去多余的粉红色线，并用打火机烧熔线头粘紧。用玫红色线包裹延长绳做三个双向平结。

15 / 剪去多余的玫红色线，并用打火机烧熔线头粘紧。"嫣然"完成。

➕ 小贴士

▶ 开头和结尾的平结，可以根据实际情况增减数量。

▶ 延长绳结尾有多种选择，亦可用串珠（参考第一课介绍）。

待桃红

★★☆☆☆

齐欢喜
待桃红柳绿
放眼明朝

材料：A号玉线大红色2根，每根1.2米
尺寸：纽扣结宽约5mm，样品适合15cm手腕
制作时间：1小时
绳结组成：双线纽扣结P54

拓展设计

A＿蜡线配瓷珠，别样
小清新。

B＿加入金线编，手绳更
闪亮。

A

B

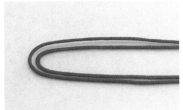

01 / 两线对折，上下每两根线作为一股线使用。

02 / 利用两股线，做一个双线纽扣结，调整纽扣结位置，预留线圈约1cm长。

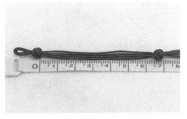

03 / 按照前面的做法，再打一个双线纽扣结。两个纽扣结之间距离约6.5cm。

04 / 在第二个纽扣结的右边继续做一个同样的纽扣结，两个纽扣结要紧贴在一起。

05 / 再做一个纽扣结，调整位置，三个纽扣结紧靠一起。

06 / 距离第四个纽扣结6.5cm处，再做一个纽扣结。

07 / 第五个纽扣的右边，再做一个纽扣结做扣子，最后两个纽扣结之间留出2mm左右空隙。

08 / 剪掉多余的线，用打火机烧熔线头粘紧，"待桃红"完成。

➕ 小贴士

▶ 预计线圈大小时，最好预先做一个同样大小的纽扣结，试验线圈松紧是否合适。

▶ 调整纽扣结位置需要不少时间，用镊子调节纽扣结会比较方便。

▶ 这款手绳里每个纽扣结大小为4-5mm，请根据具体手腕尺寸计算制作。

启程

★★☆☆☆

渐行渐远的你
深深浅浅的脚步
赠你一抹吉祥的红
祈祷你处处平安

材料: A号玉线大红色3米1根
尺寸: 金刚结宽约4mm,样品适合15cm手腕
制作时间: 1小时
绳结组成: 金刚结P29,双线纽扣结P54

拓展设计

A__用多种颜色搭配,
增添时尚感觉。

B__在金刚结之间穿入小
银珠,手绳更显精致。

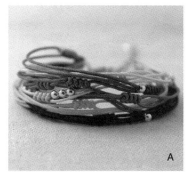

A

B

01 / 把线对折，预留约0.5cm线圈，开始编金刚结。

02 / 编九个金刚结后暂停。

03 / 隔约1.5cm再做九个金刚结。

04 / 按照前面的做法，一直做到绳子可以绕手腕两圈。

05 / 做一个双线纽扣结，并根据手腕粗细调整确定纽扣结位置。

06 / "启程"完成。

➕ 小贴士

▶ 预计线圈大小时，最好预先做一个同样大小的纽扣结，试验线圈松紧是否合适。

▶ 如有需要可以再做长一些，多绕手腕几圈。

守护
★★☆☆☆

丝丝红线，环环紧扣，
款款深情，暗藏心头。
千千美愿，金刚护守，
百年好合，天长地久。

材料： 6号中国结编织线大红色1米，9股线大红色2.5米
尺寸： 中央金刚结宽约7mm，手环部分宽约4mm。样品适合15cm手腕
制作时间： 1小时
绳结组成： 金刚结（包芯线）P31，双线纽扣结P54

拓展设计

A__在大红金刚结之间
穿入黄金路路通，很是
喜庆。

B__使用蜡线和棉质股
线搭配瓷珠，又是清新
的风格。

A

B

01 / 把6号线对折，预留约1cm线圈，用9股线包着两根6号线，开始编包芯线金刚结。

02 / 编金刚结到大概6.5cm长，收紧9股线。

03 / 换6号线包着9股线做包芯线金刚结。

04 / 一共做九个金刚结，收紧6号线。

05 / 再次用9股线包着6号线做包芯线金刚结。

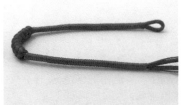

06 / 同样再做约6.5cm，和之前那一段金刚结对称。

07 / 剪去多余的9股线，用打火机烧熔线头粘紧。用6号线做一个双线纽扣结，纽扣结和金刚结之间适当留2mm空隙。

08 / "守护"完成。

➕ 小贴士

▶ 预计线圈大小时，最好预先做一个同样大小的纽扣结，试验线圈松紧是否合适。

▶ 此款镯式手绳较为硬朗，成品长度可略放宽些。样例成品为17cm，15cm的手腕也适合，不会觉得松。

▶ 因为6号线较粗，所以结尾的纽扣结不宜离金刚结太紧密，以方便扣上。

永恒

★★☆☆☆

一次又一次的许愿
一圈又一圈的思念
见到你笑的那一刹那
便是我记忆中的永恒

材料： 72号玉线大红色2米2根
尺寸： 手绳宽约9mm。样品适合15cm手腕
制作时间： 1.5小时
绳结组成： 雀头结P46，金刚结（包芯线做法）P31，双线纽扣结P54

拓展设计

A__可以利用两种颜色的
线交替编织，增添效果。

B__在雀头结圈中穿上珠
子，又是不同的风情。

A

B

01 / 两线对折，从中间开始，以一根线为芯线，另一根线做十个雀头结。

02 / 把雀头结部分弯折成圈，用较长的两根线包着另外两根线，做包芯线金刚结，固定线圈。

03 / 做两个包芯线金刚结。

04 / 每两根线为一组，用较短的线为芯线，较长的线做五个雀头结。

05 / 另一组线同样做五个雀头结。

06 / 稍拉紧芯线，让雀头结部分弯曲成弧形。

07 / 再做两个包芯线金刚结固定。

08 / 重复之前步骤做雀头结圈，直到长度足够。

09 / 剩下四根红线，每两根作为一股，两股线一起打一个双线纽扣结。

10 / 纽扣结调整好位置后，剪去多余红线，并用打火机烧熔线头粘紧。"永恒"完成。

➕ 小贴士

▶ 此款手绳需要体现纹理质感，用玉线制作较好，不推荐用股线制作。

▶ 结尾亦可穿珠子代替纽扣结，注意开头根据珠子大小预留线圈即可。

欢悦

★ ★ ☆ ☆ ☆

声声悦耳心动一刻
岁岁欢颜相守永久

材料：A号玉线大红色1米2根，72号五色线（加金）1米1根；虎头铜铃1个
尺寸：铜铃直径约1cm。样品适合15cm手腕
制作时间：40分钟
绳结组成：金刚结P29，金刚结（包芯线）P31，二股编P25

❧ 拓展设计 ❧

A__其中一组线换成五彩
串珠，更显俏皮可爱。

B__同一色系的三种
蓝，加上小鱼配饰，制
造夏日气息。

A

B

01 / 三根线并排，从距左端约30cm处开始，用红色线包着五色线做包芯线金刚结。

02 / 红色包芯线金刚结部分做约3.5cm。

03 / 把红色金刚结段弯折成圈，取两根红色线包着另外四根线做包芯线金刚结，固定时可用铜铃测试线圈大小是否合适。

04 / 做三个包芯线金刚结固定好线圈。

05 / 六根线分为三组，取其中一组红线做二股编。

06 / 二股编做到接近手腕周长时停下编三个金刚结固定。

07 / 另外两组线同样处理。

08 / 六根线再次合在一起，取其中两根红线包着另外四根线做包芯线金刚结。

09 / 编三个包芯线金刚结固定。

10 / 剪去多余的红线，用打火机烧熔线头粘紧。剩下两根五色线穿过铜铃。

11 / 五色线反折回来，包裹自身上端做包芯线金刚结。

12 / 五色线做包芯线金刚结直到和红色部分紧密连接。

13 / 剪去多余的五色线，用打火机烧熔线头粘紧。

14 / "欢悦"完成。

➕ 小贴士

▶ 开头做线圈的金刚结，长度接近能包围铜铃一圈即可，因为之后用金刚结固定线圈时会增加一点宽度。

▶ 结尾红线做最后固定用的金刚结，亦可用四线金刚结。

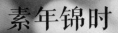

素年锦时

★★☆☆☆

尚未来临
最美的日子
总能让人心存希冀
偶尔的亮色
日子平淡如烟

材料： A号玉线大红色2米，72号五色线（加金）2米
尺寸： 手环部分宽约4mm。样品适合15cm手腕
制作时间： 1小时
绳结组成： 蛇结P28，金刚结（包芯线）P31，金刚结（四线编法）P33，双线纽扣结P54

拓展设计

A＿用大红股线和金色
股线编织细致的纹理，
搭配精致路路通。

B＿绿色系和磨砂银珠的
组合，衬托别样文艺风。

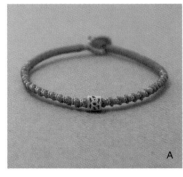

A

B

01 / 把大红A线对折，预留约1cm线圈，编一个蛇结固定线圈位置。

02 / 把五色线穿过线圈，对折放在红线中间。

03 / 用红线包着五色线做包芯线金刚结。

04 / 编红色金刚结约5cm。

05 / 五色线参与编结，做四线金刚结。

06 / 花纹交错的四线金刚结也做5cm。

07 / 再改用五色线包着红线做包芯线 08 / 编五色线金刚结约5cm，抽紧线头。
金刚结。

09 / 每一根红线和一根五色线合成一股，两股线一起打一个双线纽扣结。

10 / 调整好纽扣位置后，剪去多余的线，用打火机烧熔线头粘紧。"素年锦时"完成。

⊕ 小贴士

▶ 预计线圈大小时，最好预先做一个同样大小的纽扣结，试验线圈松紧是否合适。

▶ 结尾纽扣结比较难调整，最好用镊子。

▶ 做金刚结时，尤其是中间的四线金刚结，需要每次拉扯线圈时用力均匀，并且注意每一圈的交叉处要对齐，这样编金刚结才不容易扭曲。

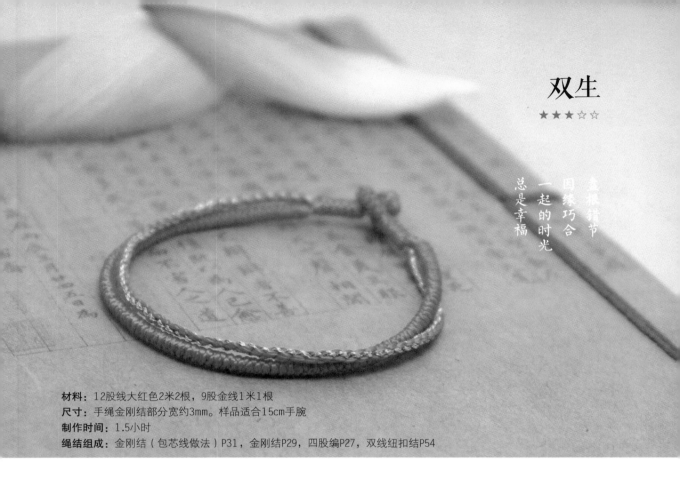

双生

★ ★ ★ ☆ ☆

盘根错节
因缘巧合
一起的时光
总是幸福

材料： 12股线大红色2米2根，9股金线1米1根
尺寸： 手绳金刚结部分宽约3mm。样品适合15cm手腕
制作时间： 1.5小时
绳结组成： 金刚结（包芯线做法）P31，金刚结P29，四股编P27，双线纽扣结P54

拓展设计

A＿亮丽的宝蓝和素白的
砗磲，清爽的民族风。

B＿粉红的线细密编
织，配上透明闪亮的水
晶，既精致又甜美。

A

B

01 / 三线并排，左端预留约50cm的
线，用金线做芯线，红色股线做
包芯线金刚结。

02 / 金刚结约做1.7cm。

03 / 把金刚结部分弯折成圈，用较长
的两根红线包着另外四根线，做
包芯线金刚结，固定线圈。

04 / 做六个包芯线金刚结。

05 / 较长的两根红线为一组，另外四
根线为一组，做四股编。

06 / 四股编部分做到接近手腕尺寸时暂停，较长的两根红线做金刚结。

07 / 金刚结部分编至与四股编部分一
样长。

08 / 再用较长的红线包着另外四根线　09 / 做六个包芯线金刚结，然后剪去金线。
　　 做包芯线金刚结，固定绳尾。

10 / 剩下四根红线，每两根作为一股，两股线一起打一个双线纽扣结。

11 / 纽扣结调整好位置后，剪去多余
　　 红线，并用打火机烧熔线头粘
　　 紧。"双生"完成。

⊕ 小贴士

▶ 股线较软且光滑，编绳时需用力扯紧一些，尤其是结尾的纽扣结。

▶ 结尾亦可穿珠子代替纽扣结，注意开头根据珠子大小预留线圈即可。

▶ 此款用72号做也可以，效果会硬朗一些。对于初学者来说，用股线制作，反而容易做出好看的成品，这
　 是因为股线的丝质光泽能掩盖不少手工的瑕疵，例如金刚结编扭了，四股编不均匀等问题。

双喜

★★★☆☆

晚霞映照的涟漪
是湖水的笑容
是你我的欢喜

材料： 7号中国结编织线大红色1米两根，72号五色线（加金）1米2根
尺寸： 手绳宽约4mm。样品适合15cm手腕
制作时间： 1.5小时
绳结组成： 双线纽扣结P54，平结（单向）P44，金刚结（包芯线做法）P31，平结（双向）P42

拓展设计

A__在纽扣结中间加上纯
金路路通，更添喜庆。

B__紫色系搭配手工琉
璃，高贵又神秘。

A

B

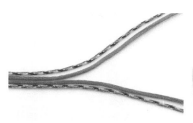

01 / 四根线并排，从中间开始，一根五色线和一根7号线合起来做一股用。

02 / 两股线一起打一个双线纽扣结，调整好。

03 / 在第一个纽扣结右边，以同样的方法再做一个纽扣结，两个纽扣结相互紧贴。

04 / 以7号线为芯线，两边的五色线分别都做单向平结。

05 / 直到中间部分占手腕周长的三分之一。

06 / 换以五色线为芯线，用7号线包着五色线做包芯线金刚结。

07 / 两端同样处理，直到长度足够。

08 / 剪去多余的7号线，用打火机烧熔线头粘紧。余下的五色线，分别预留约5cm的延长绳，打三个金刚结。

09 / 剪去多余的五色线，用打火机烧熔线头粘紧。再用多余的7号线，包着延长绳打三个双向平结，作为手绳活扣。

10 / 活扣调整好松紧，剪去多余的7号线，并用打火机烧熔线头粘紧。"双喜"完成。

⊕ 小贴士

▶ 调整中间的纽扣结时，注意7号线和五色线要排列整齐，纹理才好看。

▶ 此款手绳适合在中间加上吊坠，可参考以下做法加上吊坠。

　1. 细线对折穿过铜铃，左边形成一个线圈。

　2. 右边两线穿过线圈后拉紧，把细线固定在铜铃上。

　3. 双线绕两个纽扣中间折回，铜铃上方只留一小段双线。

　4. 用两线包裹铜铃上方的一小段双线做包芯线金刚结。

　5. 做两到三个金刚结，直到包裹完露出来的芯线。

　6. 剪去金刚结的编线，用打火机烧熔线头粘紧即可。

赤玛瑙，红丝线
如意花样细细编
不羡牡丹不羡莲

材料： A号玉线大红色1.5米1根，0.6米1根，1.2米1根；71号玉线大红色0.5米1根；红色玛瑙珠8mm一颗，6mm一颗

尺寸： 手绳宽约5mm，中间花形约1.5cm宽。样品适合15cm手腕

制作时间： 1小时

绳结组成： 雀头结P46，平结（双向）P42

拓展设计

A＿桃红色线配上粉晶，便成招桃花运的可爱小物。

B＿用柔和渐变的颜色，做两朵俏皮小花。

A

B

01 / 以 0.6米的A线为芯线,从中间开始,用1.5米的A线做一个雀头结。

02 / 继续往右边编第二个雀头结,先不拉紧。

03 / 两个雀头结之间,预留一个小线圈,收紧第二个雀头结固定小线圈。

04 / 同样的方法,往右边继续编三个雀头结。

05 / 换到左边编雀头结,也是先编松松的,再预留线圈扯紧。

06 / 往左边编五个同样的雀头结。

07 / 取71号线穿过中间的小线圈,对折后穿过8mm的玛瑙珠。

08 / 扯紧71号线使之嵌入雀头结内,雀头结部分包围珠子弯成圆圈,用两端长线包着中间四根短线,做一个双向平结。

09 / 收紧平结,使雀头结部分紧密贴着珠子。

 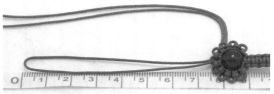

10 / 继续以四根短线做芯线，长线做双向平结，约7cm时
暂停。

11 / 取1.2米A线对折，穿过雀头结中间的小线圈，预留长
约7.5cm的线圈。

12 / 定好长度，两端线反折，包着线
圈做双向平结。

13 / 一直编双向平结，直到剩余线圈
适合套进6mm的玛瑙珠。

14 / 测试整条手绳长度是否足够，然
后剪去多余的A线，用打火机烧
熔线头粘紧。

15 / 用余下的71号线穿过6mm的玛瑙
珠，打结固定，剪去多余的线，
用打火机烧熔线头粘紧。

16 / "花如意"完成。

蓓蕾

★★★☆☆

繁花满枝前
蓓蕾待花期
心有千千愿
为君展欢颜

材料：A号玉线深啡色1米，大红色2米（剪成20cm一段，共10根）

尺寸：红色双钱环宽约5mm。样品适合15cm手腕

制作时间：1.5小时

绳结组成：双钱环P50，双联结P57，单线纽扣结P56

❀ 拓展设计 ❀

A__用柔和的色彩搭配，
就是一串温柔的蓓蕾。

B__用珠子代替双钱环，
同样是错落有致。

01 / 取一根20cm大红A线，先做一个双钱结。

02 / 沿着双钱结方向再穿一次线，余线从起始处下方穿出。

03 / 用牙签穿过结体中心。

04 / 把结体轻轻推成球形。

05 / 一点一点收紧线，做成双钱环，剪去多余的线，并用打火机烧熔线头粘紧。

06 / 同样方法制作10个大红色双钱环。

07 / 取深咖A线对折，预留约8mm线圈，打一个双联结。

08 / 上方线穿过一个双钱环，然后打一个双联结固定。

09 / 下方线穿过一个双钱环，再打一个双联结固定。

10 / 重复之前步骤，一上一下穿双钱环，并用双联结分隔。

11 / 以两根线为一股，余下的深啡A线打一个单线纽扣结。

12 / 调整纽扣结位置以适合手腕。

13 / 剪去多余的线，并用打火机烧熔线头粘紧。"蓓蕾"完成。

✚ 小贴士

▶ 此款手绳需要体现纹理质感，用玉线制作较好，不推荐用股线制作。

▶ 双钱环可用72号线制作，尺寸会小一些。亦可穿珠子代替部分双钱环。

桃源记

★ ★ ★ ☆ ☆

何日再重游
红线不识路
拾花为结约
桃源梦邂逅

材料： B号玉线大红色4米1根

尺寸： 手绳宽约6mm，中间花形约2cm宽。样品适合15cm手腕

制作时间： 1.5小时

绳结组成： 盘长结P65，金刚结（包芯线做法）P31，平结（双向）P42，蛇结P28

拓展设计

A__在盘长结中间夹入
细线，便可穿进珠子增
添效果。

B__用两种颜色细线编
织，层次感更为丰富。

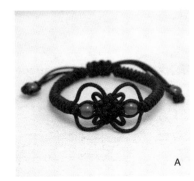

A

B

01 / 把线对折，在靠中间位置，做一
个盘长结。

02 / 调整盘长结的耳翼，中间左右的
两个耳翼，预留20cm的长度，四
角耳翼只留一个小圈，其余的平
均分配到上下两端。

03 / 顶上的线圈中间剪开，变成两根
线，上下的四根线分别向水平方
向弯折。

04 / 左右的线两两一组，各自包着
20cm的耳翼，做包芯线金刚结。

05 / 金刚结部分做约6cm。

06 / 剪去金刚结多余的线，用打火机
烧熔线头粘紧。

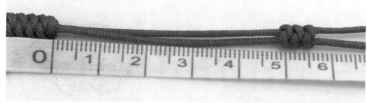

07 / 作为芯线的耳翼，从中间剪开变成两根线，预留约5cm的延长绳，打三个
蛇结。

08 / 用多余的线，包着延长绳打三个
双向平结，作为手绳活扣。

09 / 剪去多余的线，用打火机烧熔线
头粘紧。"桃源记"完成。

➕ **小贴士**

▶ 调节耳翼到所需大小有一定难度，需要耐心和时间。

▶ 根据手腕周长，预先调节耳翼大小，也可改为纽扣结收尾。

▶ 各种装饰结都可以试着用剪刀剪开某个地方来创造新的纹饰，尤其是有耳翼的绳结，可以迅速变化出
奇妙的花形哦。花形两端的线，可以用包芯线金刚结，或者平结、四股编等延伸型绳结编成手环，最
后用平结做活扣结尾。

剪开吉祥结构成的花形　　　　　　　　　　剪开团锦结构成的花形

清喜

★★★

浮世喧嚣，
能有多少岁月静好。
清心随意，
成全各自欢喜。

材料： 72号玉线大红色1米4根，72号五色线（加金）15厘米2根
尺寸： 菱形部分高约8mm，手环部分约2mm。样品适合15cm手腕
制作时间： 1.5小时
绳结组成： 斜卷结（左向）P47，双联结P57，四股编P27，平结（双向）P42

❦ 拓展设计 ❦

A__用墨绿色的线，配
以透明水晶菱珠，仿佛
青藤上的露珠。

B__渐变五彩线与透明
玻璃珠的结合，斜卷结
能编出彩虹般效果。

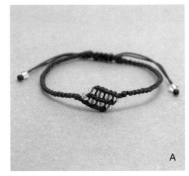

A

B

01 / 取两根红线，在距离上方30cm 处，做一个双联结。

02 / 双联结下方的两根线，以右边线 为轴，左边线做一个左斜卷结。

03 / 把左斜卷结拉紧。

04 / 取另一根红线，同样在轴线上做 一个左斜卷结。

05 / 同样的方法，把剩下的红线和五 色线依次在同一轴线上做斜卷 结，固定在轴线上，左端只需留 一点线。

06 / 双联结的右下方现在有一排五根线，取第一根红线向下弯折做轴线。

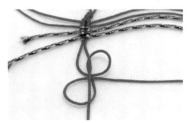

07 / 第二根红线绕着轴线做一个左斜 卷结，扯紧使其紧贴左边那排斜 卷结。

08 / 同样的方法，继续把剩下的红线 和五色线依次绕同一轴线做左斜 卷结。

09 / 第一列斜卷结的轴线绕着第二列 斜卷结的轴线做一个左斜卷结。

10 / 再取第一排的红色线向下弯折做轴线。

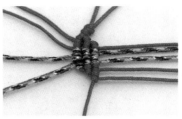

11 / 按照前面的步骤，下方的线依次在轴线上做左斜卷结。最后第二列斜卷结的红色轴线也绕着第三列斜卷结的轴线做一个左斜卷结。

12 / 再次用第一排的红线向下弯折做轴线。

13 / 按照前面的步骤，完成最后一列斜卷结。

14 / 保留菱形角上的两根红线，剪去其余的线，并用打火机烧熔线头粘紧。

15 / 菱形角上两根线做一个双联结。

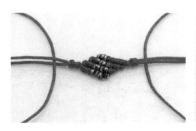

16 / 取两根之前剪出的红线，夹在菱形两端的红线中，做四股编。

17 / 一直编四股编，直到接近手腕周长。

18 / 末尾取两根线打一个松松的双联结。

19 / 另外两根线穿过双联结中间。

20 / 调整双联结位置并收紧，固定四根线。

21 / 剪去双联结中心两根线，用打火机烧熔线头粘紧。余下两根线，预留5cm左右的延长绳，打一个双联结。

22 / 两端延长绳都做好后，取一根多余的红线，包着延长绳做三个双向平结，完成活扣。

23 / 剪去多余的线，并用打火机烧熔线头粘紧。"清喜"完成。

➕ 小贴士

▶ 菱形部分烧口部分较多，因此不可用棉线等天然材质线制作。

一念花开

★★★★☆

心中有爱

每日花开

材料：A号玉线大红色1.5米2根

尺寸：花形部分高约2cm，手环部分约3mm。样品适合15cm手腕

制作时间：1.5小时

绳结组成：酢浆草结P62，金刚结（四线编法）P33，四股编P27，平结（双向）P42

拓展设计

A__在酢浆草结内层穿入小银珠，更显别致。

B__用三种色彩模仿自然花朵渐变的层次，细微之处皆美丽。

A

B

01 / 用一根线，打一个酢浆草结，先不要拉紧。

02 / 另一根线，沿着已经做好的酢浆草结，再穿一次线，注意两线要调平整。

03 / 调整酢浆草结耳翼，上方耳翼长度和下方余线相等，左右两个耳翼调小，呈两重花瓣状。

04 / 剪开上方耳翼，得到四根线。把结体旋转90度，左右各有四根线，两边都做四线金刚结，固定中央的花形。

05 / 做六个四线金刚结，收紧线。

06 / 两边的四根线，分别做四股编。

07 / 四股编部分约做5cm，然后再做三个四线金刚结固定。

08 / 剪去两根线，并用打火机烧熔线头粘紧。

 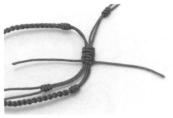 

09 / 余下的两根线，预留5cm左右的延长绳，做三个金刚结。

10 / 两端延长绳都做好后，取一根多余的红线，包着延长绳做三个双向平结，完成活扣。

11 / 剪去多余的线，并用打火机烧熔线头粘紧。"一念花开"完成。

✚ 小贴士

▶ 如果熟悉酢浆草结的编法，可以直接用两根线一起编结，然后再调整走线和耳翼大小。

▶ 酢浆草结受力拉扯容易变形，建议用暗缝方式固定结体。

▶ 为了更好地固定中央的花形，中间两段四线金刚结不宜用包芯线金刚结代替。

▶ 酢浆草结的结构比较容易松散，可以把耳翼调到最小，把中间结体尽量扯紧，借助线材的摩擦力，也可以较好地固定形状。

此手绳用米白色蜡线制作，酢浆草结的一端穿回结体构成第四耳翼，并扯紧每一个耳翼，就得到小花朵的效果。

酢浆草结和盘长结搭配出的吊坠，在耳翼中缝嵌上珠子，结体既不容易变形，又让结饰增色不少。

第四课

打造情侣相思绳

尝试一下，
做一根充满爱意的手绳吧。

锦绣良愿

吉辰美景，
良人依旧？
月圆满愿，
前程锦绣！

材料： 女款使用A号玉线大红色1.2米2根，72号五色线（加金）0.6米2根。男款使用A号玉线深啡色1.5米2根，72号五色线（加金）0.8米2根

尺寸： 中部金刚结部分宽约5mm，手环部分宽约4mm。样品适合15cm手腕

制作时间： 1小时

绳结组成： 金刚结P29，金刚结（包芯线）P31，平结（双向）P42

❀❀ 拓展设计 ❀❀

A＿挑选各自喜欢的两种颜色，为对方编出独特的情侣款。

B＿低调的墨绿配亮丽的金丝线，恰到好处的点缀。

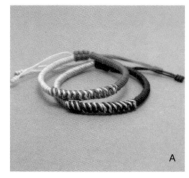

A

B

01 / 找到四根线的中点，从中间开始往右编。每一根红线和一根五色线为一组，两根线合为一股，做金刚结。

02 / 金刚结部分做约3cm。

03 / 两端的红线分别包着五色线，做包芯线金刚结。

04 / 包芯线金刚结部分做约5.5cm，左右两边长度对称。

05 / 剪去多余的红线，用打火机烧熔线头粘紧。然后预留5cm延长绳，用五色线做三个金刚结。

06 / 两端延长绳做好后，剪去多余五色线，用打火机烧熔线头粘紧。取一根剪出的红线，包着两根延长绳做三个双向平结为手绳活扣。

07 / 把多余的线剪去，用打火机烧熔线头粘紧。"锦绣良愿"女款完成。

08 / 把大红线换成深啡线，用同样的方法，制作"锦绣良愿"男款。可根据具体手腕尺寸，适当增加各部分金刚结长度。

➕ 小贴士

▶ 做中间金刚结部分，需注意两根线一起编结时最好不要相互交叉，这样纹理才更好看。

▶ 因为手绳活扣约1cm长，手环长度可比实际手腕尺寸略小，以免太松。

111

连理

☆☆☆☆☆

不是一刹那的温柔
是长时间的凝视
沉淀下来的
相互扶持的爱意

材料： 男款使用B号玉线大红色和黑色各0.8米。女款使用A号玉线大红色和黑色各0.8米
尺寸： B线制作的中部图案高约10mm，A线制作的中部图案高约8mm。样品适合15cm手腕
制作时间： 30分钟
绳结组成： 双线纽扣结P54，金刚结（包芯线）P31

✦ 拓展设计 ✦

A__换用中国结编织线
制作，手绳有丝质光
泽，更抢眼。

B__中间部分绕上金
线，就算米白的蜡线也
不显单调了。

A

B

01 / 黑色B线对折，做一个双线纽扣结。

02 / 把纽扣结上端线圈调到最小，成球状。

03 / 纽扣结另一端的两根黑色B线折出约8.5cm的线圈。

04 / 两根黑线包着纽扣结端两根线，做包芯线金刚结。

05 / 做四个包芯线金刚结。

06 / 红色B线对折两次，如图所示穿入黑色线圈。

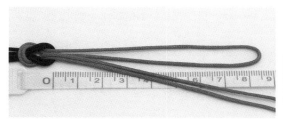

07 / 把图案调整齐，红色线圈部分预留约8.5cm。

08 / 距离中间图案约6.5cm处，红色B线包裹线圈做包芯线金刚结。

113

09 / 同样做四个包芯线金刚结。

10 / 剪去多余的线，用打火机烧熔线头粘紧。"连理"男款完成。

11 / 把B线换成A线，用同样的方法，制作"连理"女款。根据具体手腕尺寸，计算各部分预留线圈长度。

➕ 小贴士

▶ 由于线材粗细限制，此款手绳较适合手腕较细的情侣。

▶ 注意纽扣结上端的线圈不可拉进结体内，否则容易造成整个结散掉。

▶ 做包芯线金刚结时，不要拉太紧。这样结尾处的金刚结可成为一个调节线圈大小的活扣。佩戴时可先把红色金刚结移动一下，把扣圈调大，套上纽扣后再收紧，这样手绳不容易掉。

先移动红色金刚结，把扣圈调大一些。

套上纽扣，卡住黑色纽扣结和金刚结之间的空隙。

收紧红色金刚结部分，扣圈缩小，扣紧黑色扣子。

一路有你

★★☆☆☆

有多少苦痛，
有你和我一起度过承受
有多少快乐，
有你和我一起享受感动
若不曾一起过，
怎么懂？

材料：男款使用5号中国结编织线深咖啡色1米，A号玉线深咖啡色1.5米，72号五色线（加金）1.5米。女款使用7号中国结编织线大红色1米，A号玉线大红色1米，72号五色线（加金）1米

尺寸：男款宽约7mm，女款宽约5mm。样品适合15cm手腕

制作时间：40分钟

绳结组成：双线纽扣结P54，平结（双向）P42

拓展设计

A__改换跳跃的颜色，
情侣手绳更添时尚感。

B__彩色的珠子，为手
绳加上几分俏皮可爱。

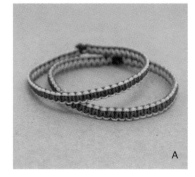

A

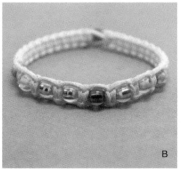

B

01 / 红色7号线对折为芯线，用五色
线和A线包裹着7号线做一个双向
平结。

02 / 把平结稍作移动，预留7mm左右的线圈，然后再做两个平结固定好
线圈。

03 / 一直做双向平结，直到手绳长度
符合手腕尺寸。

04 / 余下的7号线做一个双线纽扣结，纽扣结和平结之间留约2mm空隙。

05 / 剪去多余的线，用打火机烧熔
线头粘紧。"一路有你"女款
完成。

06 / 把7号线换成5号线，大红A线换
成深啡A线，用同样的方法，制
作"一路有你"男款。

⊕ 小贴士

▶ 预留开头线圈时，最好先做
一个纽扣结测试线圈大小是
否合适。

▶ 此款手绳正反的花纹不一样，
可根据实际需要选择。

绕不过的缘

★★☆☆☆

咖啡与绿茶的暧昧，

兜兜转转，绕绕缠缠，

百转千回总是缘

材料： 女款使用A号玉线墨绿色、青绿色、抹茶绿各1.2米。男款使用A号玉线深咖啡色、浅咖啡色、棕色各1.5米
尺寸： 手环部分宽约5mm。样品适合15cm手腕
制作时间： 1小时
绳结组成： 金刚结（六线编法）P35，三股编P26，平结（双向）P42

拓展设计

A__用三根蜡线合为一股，手绳更宽，纹理更出彩。

B__做三股编时也可以加入银珠，为柔和的颜色增添几分闪亮。

A

B

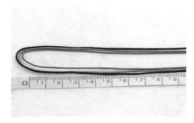

01 / 三根线排整齐并对折，左端预留约10cm，然后编六线金刚结。

02 / 第一圈金刚结用墨绿色做。

03 / 第二圈金刚结用青绿色。

04 / 第三圈金刚结用抹茶绿。

05 / 按照墨绿、青绿、抹茶绿的顺序，再做一遍六线金刚结，并拉紧固定。

06 / 按照颜色把六根线分成三股。

07 / 每两根线一组，做三股编。

08 / 一直编到接近手腕周长时，编六线金刚结固定，第一圈为墨绿色。

09 / 按照前面的步骤，第二圈用青绿色，第三圈用抹茶绿。

10 / 按照墨绿、青绿、抹茶绿的顺序，再做一遍六线金刚结，并拉紧固定。

11 / 剪去抹茶绿和墨绿的线，并用打火机烧熔线头粘紧。预留的青绿色线圈也从中间剪开。两端的青绿色线，留约4.5cm延长绳，打三个金刚结。

12 / 取一根剪出的墨绿线，包裹两根延长绳做三个双向平结，作为手绳的活扣。

13 / 把多余的线剪去，用打火机烧熔线头粘紧。"绕不过的缘"女款完成。

14 / 把绿色系的线换成咖啡色系的线，用同样的方法，适当增加三股编的长度，制作"绕不过的缘"男款。

➕ 小贴士

▶ 男款可以换用粗点的B线制作，手环会宽一些。

▶ 假如用三根线合作一股，这样的三股编两端可用绕线的方法固定9根线。

▶ 绕线的做法参考：

1. 绿色细线弯折一个线圈，和要绕起来的线叠放一起。
2. 绿色线长的一端紧紧缠绕自身线圈和要绕的线。
3. 缠到所需要的长度后，绿色线穿出线圈。
4. 拉紧线圈另一头的绿色线，把缠好的绿色线固定，剪去多余线，烧熔线头收口即可。

十指紧扣

十指环环紧相扣

执手约定暖心头

材料： 男款使用A号玉线深啡色2.5米，72号五色线（加金）2.5米。女款使用A号玉线大红色2.5米，72号五色线（加金）2.5米

尺寸： 手绳宽约3mm。样品适合15cm手腕

制作时间： 1小时

绳结组成： 双联结P57，双线纽扣结P54，金刚结（包芯线做法）P31

❧ 拓展设计 ❧

A__换用股线制作，手绳更柔软贴手。

B__灵活运用金刚结，碰撞出变幻的色彩。

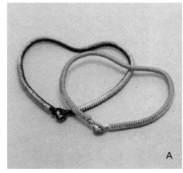

A

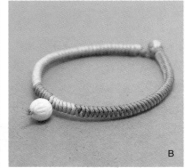

B

01 / 红色A线对折，预留约8mm的线
圈，打一个双联结固定。

02 / 五色线对折，夹入两根红线之间。

03 / 取一根五色线和一根红线，包裹
着另外两条线做包芯线金刚结。

04 / 编织包芯线金刚结，直到符合手
腕尺寸，收紧金刚结。

05 / 两根五色线为一股，两根红线为
另一股，两股线一起打一个双线
纽扣结。

06 / 调整纽扣结位置，纽扣结和金刚
结之间留约2mm空隙。

07 / 剪去多余的线，用打火机烧熔
线头粘紧。"十指紧扣"女款
完成。

08 / 把大红A线换成深啡A线，用同
样的方法，制作"十指紧扣"
男款。

➕ 小贴士

▶ 预留开头线圈时，最好先做
一个纽扣结测试线圈大小是
否合适。

▶ 开头的金刚结不容易固定，注
意编结时按紧，连续编几个就
能固定了。

梦之浮桥

时光如梭，
相遇美好，
思君良久，
永不敢忘。

材料： 男款使用A号玉线大红色1米2根，深蓝色1.5米1根。女款使用A号玉线深蓝色1米2根，大红色1.5米1根
尺寸： 手绳平结部分处宽约6mm。样品适合15cm手腕
制作时间： 1小时
绳结组成： 双线纽扣结P54，平结（双向）P42

拓展设计

A__利用缎带夹把两段
不同颜色的手绳连接，
层次更为丰富。

B__用柔和的渐变颜
色，把手绳延长为缠绕
在手上的虹彩。

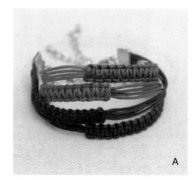

A

B

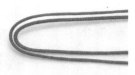

01 / 两根红色A线对折。

02 / 每两根红线当成一股线，两股线编一个双线纽扣结。

03 / 调整纽扣结位置，预留约1cm的线圈。

04 / 在手腕尺寸一半的地方，用深蓝色A线，包裹着四根红线做双向平结。

05 / 编双向平结直到手腕尺寸的一半长度。

06 / 再一次用每两根红线当成一股线，两股线编一个双线纽扣结。

07 / 调整纽扣结位置，纽扣结和平结之间留约2mm空隙。

08 / 剪去多余的线，用打火机烧熔线头粘紧。"梦之浮桥"男款完成。

09 / 大红A线和深蓝A线互换，用同样的方法，制作"梦之浮桥"女款。

➕ 小贴士

▶ 预留开头线圈时，最好先做一个纽扣结测试线圈大小是否合适。

▶ 中间做平结时，注意把四根红线理顺，若缠在一起就不会很美观。

123

圆缘扣

★★☆☆☆

我们一起，慢慢走

这环环相扣的人生

让我们牵起彼此的手

是怎样的缘分

我们都是不完整的圆

材料： 男款使用A号玉线黑色1.5米4根，大红色1.5米2根。女款使用A号玉线大红色1.5米4根，黑色1.5米2根
尺寸： 中间双钱结部分处高约1cm，手环粗约5mm。样品适合15cm手腕
制作时间： 1小时
绳结组成： 双钱结P49，金刚结（包芯线做法）P31，平结（双向）P42

〜〜 拓展设计 〜〜

A__生活中总有些场合，需要金色的点缀。

B__用彩色珠子串代替绳子，也有一种特别的效果。

A

B

01 / 每两根红线和一根黑线为一组，在　02 / 左边一组线往右弯折做圈，放在　03 / 右边一组线按照双钱结编法走
线的中间处用透明胶固定一下。　　　　右边一组线上。　　　　　　　　线，编一个双钱结。

04 / 把双钱结调整紧密，并去掉透明　05 / 双钱结左右两边的两组线，分别用外侧两根红线包裹着中间四根线，做
胶，左右线分成六根一组。　　　　　包芯线金刚结。

06 / 两边都编包芯线金刚结至约5.5cm。　　　　　　07 / 剪去中间的两根红线。

125

 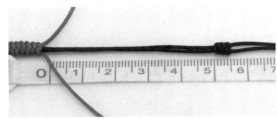

08 / 继续用红线包裹黑线做包芯线金刚结至6cm。

09 / 黑线预留约5cm延长绳，编三个金刚结。

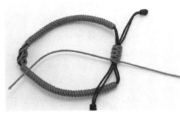  

10 / 剪去多余的线，用打火机烧熔线头粘紧。取一根红线，包裹黑色延长绳做四个双向平结，作为手绳活扣。

11 / 剪去多余的线，用打火机烧熔线头粘紧。"圆缘扣"女款完成。

12 / 大红A线和黑色A线互换，用同样的方法，制作"圆缘扣"男款。

➕ 小贴士

▶ 中间的双钱结一定要调整紧密，不然图案容易变形。

▶ 活扣处的平结数量可根据个人喜好增减。

▶ 男款亦可用较粗的B线来制作，更显粗犷。

用B线和A线制作的两根手绳的粗细对比效果

爱的密码

★ ★ ☆ ☆

关于你的回忆，长长短短，一点一滴，像是只有我能破译的密码本，藏在心底，记载着你对我的情谊。

材料： 女款使用A号玉线橙色2米，深啡色2.5米。男款使用A号玉线嫩黄绿2米，黑色2.5米
尺寸： 手环部分宽约4mm。样品适合15cm手腕
制作时间： 2小时
绳结组成： 金刚结（包芯线）P31，十字吉祥结（方编）P38，平结（双向）P42

❀ 拓展设计 ❀

A__用方柱形的十字吉祥结当手绳的亮点，也很特别。

B__随意控制十字吉祥结的数量，加上珠子收尾，一切随心随性的感觉。

A

B

01 / 四根线排好从中间开始，用两根深啡色线包裹橙色线编三个包芯线金刚结。

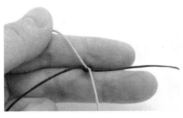

02 / 金刚结的右端四根线，分成十字形，竖向为橙色，横向为深啡色。

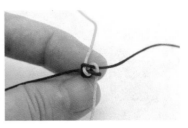

03 / 上端橙色线向右下弯折，其他三根线依次穿搭，编好一个井字形。

04 / 四根线拉紧，做好方编十字吉祥结第一层。

05 / 上端橙色线向左下弯折，其他三根线依次穿搭，编好一个方向相反的井字形，拉紧后就做好方编十字吉祥结的第二层。

06 / 重复步骤三到五，编出方柱状的十字吉祥结，约1cm。

07 / 再用深啡色线包裹橙色线做三个包芯线金刚结。

08 / 重复之前步骤，在中间的金刚结右方做四段十字吉祥结。

09 / 反过来，在中间的金刚结左方也做四段十字吉祥结。

10 / 橙色线预留约5cm的延长绳，做三个金刚结。

11 / 剪去多余的线，用打火机烧熔线头粘紧。取剪出的一根深啡色线，包裹两根延长绳做四个双向平结，作为手绳活扣。

12 / 把多余的线剪去，用打火机烧熔线头粘紧。"爱的密码"女款完成。

13 / 把橙色线换成嫩黄绿线，深啡色线换成黑色线，用同样的方法，适当增加每节十字吉祥结的长度或数量，或在两端增加金刚结的长度，制作"爱的密码"男款。

➕ 小贴士

▶ 此款手绳适合用强烈对比的颜色制作。

▶ 从金刚结过渡到方柱形十字吉祥结时，需注意亮的颜色的那一面要统一方向。

▶ 从中间起头的好处是容易观察手绳是否对称，控制长度时只需要两端同样处理就可以达到对称。假如需要改成单向纽扣型的，可用两倍长的线对折起头，先做包芯线金刚结，然后做十字吉祥结，重复编至长度足够，用两根线为一股，编双线纽扣结做结尾，或者直接穿珠子做扣子即可。

缘定三生

★☆☆☆☆

桃叶渡前

三生石下

结绳为记

念切切，勿相忘

材料： 男款使用A号玉线黑色1.5米2根，大红色1.5米2根。女款使用A号玉线大红色1.2米2根，黑色1.2米2根

尺寸： 中间纽扣结直径约6mm，手环粗约4mm。样品适合15cm手腕

制作时间： 1.5小时

绳结组成： 双线纽扣结P54，金刚结（包芯线做法）P31，平结（双向）P42

拓展设计

A＿加入珠子和金线，
改成固定扣子，最适合
量身定做。

B＿五色线和大红色，是
黄金路路通的最佳搭配。

A

B

01 / 在线的中间处把四根线分成两组，
一根红线和一根黑线为一组。

02 / 红黑两线各作一股，两股线编一
个双线纽扣结。

03 / 继续用同样的方法，在纽扣结右
边再编一个双线纽扣结。

04 / 调整第二个纽扣结的位置，使两
个纽扣结紧贴一起。

05 / 同样再做第三个双线纽扣结并调
整位置。

06 / 纽扣结两边，分别用红线包裹着
黑线，编包芯线金刚结。

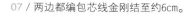

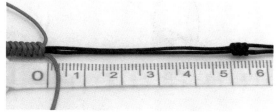

07 / 两边都编包芯线金刚结至约6cm。

08 / 黑线预留约5cm延长绳，编三个金刚结。

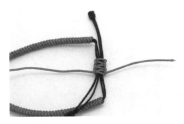  

09 / 剪去多余的线，用打火机烧熔线头粘紧。取一根红线，包裹黑色延长绳做三个双向平结，作为手绳活扣。

10 / 剪去多余的线，用打火机烧熔线头粘紧。"缘定三生"女款完成。

11 / 在步骤六时，改用黑线包红线做包芯线金刚结，制作"缘定三生"男款。

➕ 小贴士

▶ 中间三个纽扣结调整比较费功夫，请耐心调整。

▶ 活扣处的平结数量可根据个人喜好增减。

▶ 用两根线做一股的方法编织双线纽扣结，往往会因为线比较多而互相缠绕重叠，导致调整纽扣的时间很长也不容易把线调整清楚。这里分享一个调线的小技巧：

1. 两根线做一股，先编到未穿中间方孔的那一步。
2. 此时调整红黑两线不要互相重叠。
3. 小心保持不要扭转两线，把余下的线分别穿过中间方孔。
4. 双手各执纽扣结两端的线，轻轻拉紧，有些线会突出来，不要紧，先把结体固定就行。
5. 把突出的线调整一下，检查红黑线是否还有重叠现象。
6. 调整纽扣结位置并扎紧全部线，此次调线就红黑两根一起做一股移动，一边扎紧一边把结体捏圆。

约定

★★★★☆

君子不知绳有信
伊人指下结无双

材料： 男款使用A号玉线深蓝色2.5米2根。女款使用A号玉线大红色2米2根

尺寸： 中间发簪结高约1㎝，手环粗约4mm。样品适合15cm手腕

制作时间： 1.5小时

绳结组成： 发簪结P52，双线纽扣结P54，金刚结（包芯线做法）P31，平结（双向）P42

拓展设计

A __ 若隐若现的金丝线，为手绳增添一丝低调的华丽。

B __ 运用渐变的三种颜色，更有层次感。

A

B

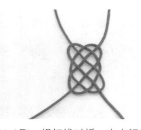

01 / 取一根红线对折，在中间处编一个发簪结。

02 / 另一根红线沿着发簪结的走向，再穿一次线。

03 / 把发簪结调整紧密，并把一端的线圈剪开，结体旋转90度如图。

04 / 两根红线做一股，左右两边各用两股线编一个双线纽扣结。

05 / 调整纽扣结位置，令纽扣结紧贴发簪结。

06 / 纽扣结的旁边，分别用两根红线包裹着另外两根线，编包芯线金刚结。

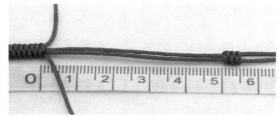

07 / 两边都编包芯线金刚结至约6cm。

08 / 中间两根红线预留约5cm延长绳，编三个金刚结。

09 / 剪去多余的线，用打火机烧熔线
头粘紧。取一根多余红线，包裹
延长绳做三个双向平结，作为手
绳活扣。

10 / 剪去多余的线，用打火机烧熔线
头粘紧。"约定"女款完成。

11 / 改用深蓝色线，用同样的方法，
制作"约定"男款。

⊕ 小贴士

▶ 如果对发簪结编法熟悉，开头亦可直接用两根红线作一股，直接编出中间的发簪结。

▶ 调整纽扣结和发簪结耗时较多，需耐心调整。

▶ 发簪结和双钱结属于同一类型的绳结，都是通过线圈叠加而成。此类绳结可有多种变化，并且容易平面
造型，做成书签或装饰画都不错。

几种通过线圈叠加而成的绳结　　　　　　　　　　用发簪结装饰的书签

同心锁

★★★★

借月老几尺红线
两心相依缠绕
共编柔韧同心锁
我藏入绳结间的温暖
在你腕间感受着你的心跳

材料： 男款使用A号玉线黑色1.8米2根，大红色1米2根。女款使用A号玉线大红色1.5米2根，黑色1米2根
尺寸： 中间发簪结高约1cm，手环粗约4mm。样品适合15cm手腕
制作时间： 1.5小时
绳结组成： 发簪结P52，双线纽扣结P54，金刚结（包芯线做法）P31，平结（双向）P42

拓展设计

A__ 编入佛家护身五色
线，手绳更添喜庆色彩。

B__ 白莲花砗磲搭配绿色
发簪结，仿佛莲叶田田。

A

B

01 / 一根红线和一根黑线为一股，找到线的中点。

02 / 两股线编一个双线纽扣结。

03 / 旋转90度，在纽扣结下方，再用两股线编一个发簪结。

04 / 把发簪结调整紧密，注意紧靠纽扣结，并且发簪结外侧线为黑色。

05 / 同样的方法在纽扣结另一边再做一个发簪结。

06 / 发簪结的旁边，分别用两根红线包裹着黑线，编包芯线金刚结。

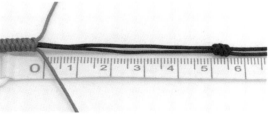

07 / 两边都编包芯线金刚结至约5.5cm。

08 / 中间两根黑线预留约5cm延长绳，编三个金刚结。

09 / 剪去多余的线，用打火机烧熔线头粘紧。取一根多余红线，包裹黑色延长绳做三个双向平结，作为手绳活扣。

10 / 剪去多余的线，用打火机烧熔线头粘紧。"同心锁"女款完成。

11 / 改用长的黑线和短的红线，用类似的方法，注意在步骤四和五要把发簪结外侧线调成红色，步骤六用黑线包红线做包芯线金刚结，制作"同心锁"男款。

➕ 小贴士

▶ 如果一下子拿两根线作一股线编结觉得困难，可以先用一根线编好松松的结，再顺着线的走向加入另一根线。

▶ 根据个人喜好，手环的颜色可以做成一端红色一端黑色，发簪结也可以调整成外侧一个红色一个黑色。

▶ 发簪结连续编结，也可以构成手环，只是没有金刚结手环硬朗，而花纹更显华美。如图示例，只用两种颜色，也可以通过调整发簪结外侧颜色而做出细微的变化。

心安处
★★★★☆

时光静好，与君语；
细水流年，与君同；
繁华落尽，与君老。

材料： 男款使用A号玉线黑色3米1根，5号中国结编织线宝蓝色1米1根。女款使用72号玉线深啡色2.5米1根，6号中国结编织线大红色1米1根

尺寸： 男款中间藻井结高约1.5cm，手环粗约5mm；女款中间藻井结高约1.2cm，手环粗约4mm。样品适合15cm手腕

制作时间： 1.5小时

绳结组成： 双联结P57，藻井结P58，双线纽扣结P54，金刚结（包芯线做法）P31

～ 拓展设计 ～

A__省去金刚结手环，
手绳变得柔软简约。

B__全部用玉线制作，
光泽会较为柔和。

A

B

01 / 6号红线对折，编一个双联结，预留线圈约1cm大小。

02 / 72号深啡色线对折，包着红线做包芯线金刚结。

03 / 编包芯线金刚结至约6.5cm。

04 / 用红线编一个松松的双联结。

05 / 深啡色线从双联结中间穿过。

06 / 拉紧双联结，并调整位置，把深啡色线藏在结体内。

07 / 旋转90度，用红线编藻井结，但先不要翻下方两个绳套。

08 / 两根深啡色线穿过四个单结中间，夹在红线之间。

09 / 继续完成藻井结，把红线下方两个单结绳套往上翻，拉出中间的井字图案。

10 / 拉紧藻井结。

140

11 / 调整藻井结位置，使其紧贴双联结，并把深啡色线藏在结体内。

12 / 按照前面的方法，再编一个双联结，并把深啡色线藏于结体内。

13 / 继续用深啡色线包着红线做包芯线金刚结。

14 / 同样编包芯线金刚结至约6.5cm。

15 / 剪去多余的深啡色线，用打火机烧熔线头粘紧。再用红线编一个双联结。

16 / 红线编一个双线纽扣结。纽扣结距离双联结约2mm。

17 / 剪去多余的红线，用打火机烧熔线头粘紧。"心安处"女款完成。

18 / 改用宝蓝色5号线和黑色A线，用同样的方法，制作"心安处"男款。

➕ 小贴士

▶ 此款镯式手绳比较硬朗，成品尺寸比手腕周长略大些无妨。

▶ 注意把粗线做的绳结调整紧密，这样才容易把细线的痕迹藏起来。

遇菩提

★★★★☆

一花一世界
一结一菩提

材料： 女款使用72号玉线大红色1.2米2根，72号五色线（加金）0.6米2根。男款使用72号玉线墨绿色1.5米2根，72号五色线（加金）0.8米2根

尺寸： 中部盘长结部分宽约1cm，手环部分宽约3mm。样品适合15cm手腕

制作时间： 1.5小时

绳结组成： 盘长结P65，金刚结（包芯线）P31，平结（双向）P42

拓展设计

A__荧光色的盘长结，为手绳增添青春跳跃感。

B__宝蓝色和银珠的光亮，构造出冷艳的典雅。

A

B

01 / 两根五色线从中间开始，编一个盘长结，先不拉紧结体。

02 / 两根红线从盘长结中间穿过。

03 / 拉紧盘长结，把耳翼全部调整到最小，并调整结的位置，使两端绳子长度相同。

04 / 旋转90度，盘长结两端的红线，包着五色线做包芯线金刚结。

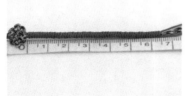

05 / 包芯线金刚结部分做约6.5cm，左右两边长度对称。

06 / 五色线预留5cm延长绳，然后编三个金刚结。

07 / 剪去多余的线，用打火机烧熔线头粘紧。然后取一根剪出的红线，包着两根延长绳做四个双向平结为手绳活扣。

08 / 把多余的线剪去，用打火机烧熔线头粘紧。"遇菩提"女款完成。

09 / 把大红线换成墨绿线，用同样的方法，制作"遇菩提"男款。

➕ 小贴士

▶ 此款手绳较为精细，适合手腕纤细的情侣。如需手绳粗一些，男款可换用A号五色线和玉线制作。

▶ 中间盘长结的制作与调整耗时较多，使用镊子比较方便。

不忘初心

★★★★☆

不忘初心
方得始终

材料： 女款使用72号玉线浅灰色2.5米2根，B号玉线暗红色0.6米1根。男款使用72号玉线灰蓝色2.5米2根，B号玉线深蓝色0.6米1根

尺寸： 手环部分宽约5mm。样品适合15cm手腕

制作时间： 2.5小时

绳结组成： 蛇结P28，金刚结（包芯线）P31，十字吉祥结（圆编）P40，双线纽扣结P54

拓展设计

A__使用亮丽的大红和
宝蓝，加上佛家护身的
五色线，适合个性张扬
的情侣。

B__淡淡的浅蓝配上一
抹金色，仿佛晴朗天际
的那片阳光。

A

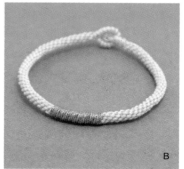

B

01 / 两根灰色72号线从中间开始，先编一个蛇结。

02 / 一直编蛇结，约1.8cm。

03 / 把蛇结部分弯折成圈，用其中两根灰色72号线，包裹另外两根72号线和暗红色B线，做包芯线金刚结固定线圈。

04 / 做四个包芯线金刚结，固定好线圈和暗红色B线。

05 / 四根灰色线做圆编十字吉祥结，先不要拉紧，留着中间井字的洞。

06 / 暗红色B线穿过十字吉祥结中间的洞，然后再拉紧四根灰色线，这样十字吉祥结就把暗红色线包裹在结体内。

07 / 重复之前步骤，编圆柱状的十字吉祥结，暗红色线一直藏在中间。

08 / 包着暗红芯线的十字吉祥结一直编约5.5cm。

09 / 继续编圆柱形的十字吉祥结，但这次不需要包裹暗红芯线。

10 / 无芯线的圆编十字吉祥结约做3cm。

11 / 暗红色B线紧绕无芯线的十字吉祥结部分，绕完后，打一个十字吉祥结包裹着暗红色线固定。

12 / 继续编圆柱状的十字吉祥结，暗红色线一直藏在中间。

13 / 包着暗红芯线的十字吉祥结编约5.5cm。

14 / 用其中两根灰色线，包裹另外两根灰色线和暗红色线，做包芯线金刚结。

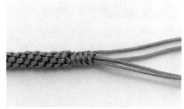

15 / 做四个包芯线金刚结，剪去暗红色芯线，用打火机烧熔线头粘紧。

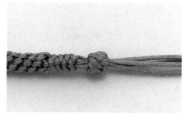

16 / 剩下的四根灰色线分成两根一股，两股线做一个双线纽扣结，调整纽扣结位置距离金刚结约2mm。

17 / 把多余的线剪去，用打火机烧熔线　　18 / 把灰色72号线换成灰蓝72号线，
头粘紧。"不忘初心"女款完成。　　　　暗红B线换成深蓝B线，用同样的
方法，制作"不忘初心"男款。

➕ 小贴士

▶ 开头的线圈，也可用金刚结制作，但蛇结制作的线圈较有弹性。

▶ 十字吉祥结制作的手环有一定弹性，所以尺寸略微做紧一点也没有大碍。

▶ 除了本书列出带芯线的绳结外，在必要的时候，很多绳结都可以加入芯线，一方面是为了提高手绳强度
或者使手环变粗，另一方面是为了藏线——这样可以运用多种颜色的线在手绳里了！
几种绳结加芯线的技巧，可参考以下手绳的制作方法：

"心安处"藻井结和双联结　　"遇菩提"盘长结加芯线　　"遇红豆"双线纽扣结加芯线　　"丁香语"单线纽扣结加芯线
加芯线

同心如意

★★☆☆☆

如意花配如意郎。
同心夜点同心烛，
西窗夜雨对入眠。
万紫千红若等闲，

材料： 女款使用A号玉线大红色2.5米。男款使用A号玉线深蓝色3米
尺寸： 中间盘长结高约1cm，手环部分宽约3mm。样品适合15cm手腕
制作时间： 2.5小时
绳结组成： 双联结P57，金刚结P29，盘长结P65，双线纽扣结P54

拓展设计

A＿用双线编盘长结，
色彩层次更丰富。

B＿在典雅的盘长结的衬
托下，威尼斯的手工琉璃
也有了东方神韵。

A

B

01 / 预留约6mm的线圈，编一个双联结。

02 / 紧接双联结，编金刚结。

03 / 金刚结部分编约6.2cm。

04 / 紧靠着金刚结部分编一个双联结。

05 / 然后编一个盘长结。

06 / 调整盘长结的位置和耳翼大小，使盘长结紧靠双联结，每个耳翼相似大小。

07 / 紧靠盘长结，编一个双联结。

08 / 双联结右方，继续编一个盘长结。

09 / 和前面的盘长结一样调整位置和耳翼大小。

10 / 紧靠盘长结，再编一个双联结。

11 / 紧接双联结，编金刚结。

12 / 金刚结部分同样编约6.2cm。

13 / 结尾处做一个双线纽扣结，调整纽扣结位置距离金刚结约1mm。

14 / 把多余的线剪去，用打火机烧熔线头粘紧。"同心如意"女款完成。

15 / 把大红线换成深蓝线，用同样的方法，把中间盘长结的耳翼全部收紧形成方块状，根据手腕周长，适当延长金刚结手环部分，制作"同心如意"男款。

➕ 小贴士

▶ 结尾亦可换成两线一起做的单线纽扣结，这样纽扣会大一些。

▶ 用两线编金刚结比包芯线金刚结要扁一些，编的时候也容易扭曲，需注意用力均匀，每次拉扯线圈时注意花纹对齐，及时纠正扭曲的趋势。

第五课

创作潮流许愿绳

发挥你的创意，
做个性十足的手绳!

熙然

★ ☆ ☆ ☆ ☆

咖啡的焦香里，
捧一本书，
温暖了一个人的天气。

材料：A号玉线浅啡色1.5米2根，A号玉线米黄色0.7米2根，1.5米1根。
尺寸：手绳粗约1.5cm。样品适合15cm手腕。
制作时间：1小时
绳结组成：平结（双向）P42，蛇结P28

拓展设计

A__改用三种颜色搭配，更加抢眼出色。

B__加入小玻璃珠子，为红绳增添趣味。

A

B

01 / 两根浅啡色线并排做芯线，上方预留10cm左右，取长的米黄色线，对折包裹浅啡色线做两个平结。

02 / 取一根米黄色线对折，以右边的浅啡色线和米黄色线为芯线，做一个平结。

03 / 剩下一根米黄色线，仿照步骤二，以左边的浅啡色线和米黄色线为芯线，也做一个平结。

04 / 两根浅啡色线以中间的两根米黄色线做芯线，做一个平结。

05 / 两侧和下方的米黄色线，各以一根浅啡色线和一根米黄色线为芯线，做一个平结。

06 / 重复步骤四，两根浅啡色线以中间的两根米黄色线做芯线，做一个平结。

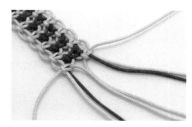

07 / 重复步骤四和五，直至编到足够长度。

08 / 剪去最后两个平结的米黄色线，只保留芯线，并用打火机烧熔线头粘紧。

09 / 以两根浅啡色线做芯线，两根米黄色线做两个平结。

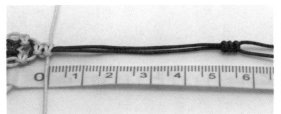

10 / 两根浅啡色线预留约5cm做三个蛇结。

11 / 剪去多余的线，用打火机烧熔线头粘紧。

12 / 取剪出的一根浅啡色线，包裹延
　　长绳做三个平结。

13 / 测试活扣松紧，剪去多余的线，
　　用打火机烧熔线头粘紧。

14 / "熙然"完成。

➕ 小贴士

▶ 编平结时要注意拉紧，力度均匀，随时调整使手绳花纹左右对称。

▶ 因为是重复的平面编结，可以用夹子把手绳上端夹在硬板上，斜放在桌上，可以加快编结速度，也方便
　观察花纹是否编得整齐。

▶ 这款手绳用线的根数较多，可以用各种颜色搭配出不同的效果。

▶ 手绳纹理依靠平结与平结之间的连接构成，因此不推荐使用太软的线编织。

夜海

★ ☆ ☆ ☆ ☆

听得浪涛，
海的呼吸。
夜风拂面，
恰似你的温柔。
思念如潮水，
排山倒海，
扑面而来。

材料： A号玉线深蓝色2米2根，0.5米1根。A号玉线灰蓝色2米2根，0.5米1根

尺寸： 中间图案高约2.5cm。样品适合18cm手腕

制作时间： 1小时

绳结组成： 平结（双向）P42，蛇结P28

拓展设计

A__ 用喜庆的红色调，
带出新年的感觉。

B__ 改用细线和金线搭
配，增强手绳的精致感。

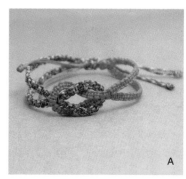

A

B

01 / 短灰蓝色线做芯线，从中间开始，用长的两根灰蓝色线，包裹短线做一个平结。

02 / 往平结两端继续编结，编出一段长约7.5cm的平结。

03 / 把平结段弯折，取外侧线，包裹中间四根线，做平结。

04 / 一共做两个平结，做好灰蓝色平结圈。

05 / 同样方法用深蓝色线编平结段，弯折后如图所示穿过灰蓝色平结圈。

06 / 调整好位置后，同样做两个平结固定好深蓝色平结圈。

07 / 灰蓝色6根线分为两组，每两根长线包裹一根短线做平结。

08 / 两段灰蓝色平结编至接近手腕周长的一半时候暂停。

 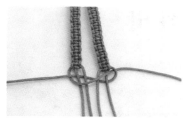

09 / 深蓝色线同样编平结，四段平结等长。

10 / 灰蓝色两段平结合并，取外侧线，包裹中间四根线，做平结。

 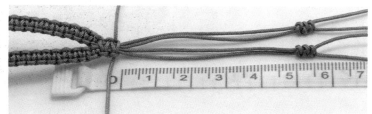

11 / 一共做两个平结固定。深蓝段同样处理。

12 / 每两根灰蓝色线预留约5cm做三个蛇结。深蓝段同样处理。

13 / 剪去多余的线，并用打火机烧熔线头粘紧。取剪出的一根深蓝色线，包裹两根延长绳做三个平结作活扣。

14 / 剪去多余的线，并用打火机烧熔线头粘紧。"夜海"完成。

✚ 小贴士

▶ 根据线材的粗细，平结圈需要编的长度不一样。实际操作可先编两段等长的平结，弯折试验是否够做相套的两圈，确认长度后再合并成圈。

梦田

★★☆☆☆

给你一颗种子，
种花种果种春风，
种出你心中的梦。

材料： 72号玉线深啡色1米4根，72号玉线墨绿色0.8米6根，72号玉线草绿色0.3米5根，石榴石6mm珠子1个
尺寸： 手绳宽约1.5cm。样品适合14.5cm手腕
制作时间： 4小时
绳结组成： 雀头结P46，斜卷结（左向）P47，斜卷结（右向）P48

拓展设计

A__用更多的线更多的色
彩，编出宽广的彩虹。

B__简化了编结，用藏
蓝色珠子填充，冷艳而
神秘。

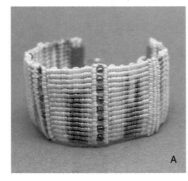

A

B

01 / 三根深啡色线做芯线，从中间开始，用另一根深啡色线，对折包裹三根线做一个雀头结。

02 / 往雀头结两端继续编结，一共编十个雀头结。

03 / 把雀头结段弯折，取一根墨绿色线做芯线，深啡色线做右斜卷结。

04 / 雀头结左段通过四个斜卷结固定在芯线上。

05 / 同样方法固定雀头结的右段，形成扣圈。

06 / 墨绿芯线往左折回，深啡色线依次做左斜卷结。

07 / 八个斜卷结紧密排成深啡色一排。

08 / 墨绿线往右折，以深啡线为芯线，做左斜卷结。

09 / 八个斜卷结紧密排成墨绿色一排。

10 / 墨绿线往左折，以深啡线为芯线，做右斜卷结。

11 / 八个斜卷结紧密排成墨绿色第二排。

12 / 重复之前步骤，总共做四排墨绿色斜卷结。

13 / 换用草绿色线做芯线，做两排深啡色斜卷结。

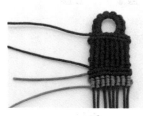

14 / 草绿色线做两排斜卷结。

15 / 重复用墨绿色和草绿色线，做出颜色相间的花纹。长度足够时，用墨绿色线做芯线，深啡色线做斜卷结收尾。

16 / 做两排深啡色斜卷结。

17 / 只留中间两根深啡色线，剪去其他线，并用打火机烧熔线头粘紧。

18 / 一根线绕另一根线做一个雀头结。

19 / 穿进珠子后，再做一个雀头结。　20 / 测试珠子固定情况，然后剪去多余　21 / "梦田"完成。
　　　　　　　　　　　　　　　　　　　 的线，用打火机烧熔线头粘紧。

✚ 小贴士

▶ 实际操作为了节约用线，可用长的墨绿线和草绿线，每一段斜
卷结编完就剪线烧口。

▶ 编结时用钉板或夹子固定手绳上端，会编得快些。

▶ 编斜卷结尽量用较细而软的线编织，这样成品不至于太硬。而
且线最好能用火收口的，这样容易处理换线部分的线头。

▶ 斜卷结可以通过编线和芯线的变换，组合出丰富多彩的花纹。
因为用细线编斜卷结像一个个点，所以可以利用这些点的组
合，排列出文字和图案。斜卷结的背面也可以构成纹理独特的
花纹哦！

▶ 西方编绳对斜卷结的应用很深入，设计和颜色搭配都很美，有
兴趣的读者可以关键字macramé/micro macramé/friendship bracelet
在网上搜索相关图片。

利用斜卷结背面纹理编织而成的花朵饰品

在路上

★★☆☆☆

怀着心里的阳光，梦想走遍四方。听到远方的召唤，出发吧，最美的邂逅总在路上。

材料：A号玉线橙色2米1根，1米1根
尺寸：手绳宽约6mm。样品适合15cm手腕
制作时间：1小时
绳结组成：雀头结P46，金刚结（包芯线做法）P31，双线纽扣结P54

拓展设计

A__用两种颜色的线可以做出双色波浪的效果。

B__用71号线制作，可以编出蕾丝般精巧的曲线。

A

B

01 / 用2米的线对折，在1米线的中间做一个雀头结。

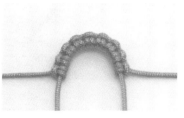

02 / 以1米线为芯线，2米线向左右两边各做4个雀头结，总共做9个雀头结。

03 / 把雀头结部分弯折成圈，较长的两根线包裹较短的两根线，做包芯线金刚结。

04 / 做三个包芯线金刚结，固定好线圈。

05 / 取一根较长的线，以较短的两根线为芯线，编一个雀头结。

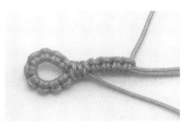

06 / 同样的方法继续编三个雀头结，一共编四个雀头结。

07 / 换用另一根较长的线，以较短的两根线为芯线，编一个雀头结。

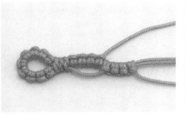

08 / 同样的方法继续编三个雀头结，一共编四个雀头结。

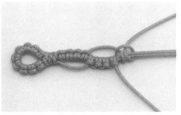

09 / 换回上方的线，用同样的方法继续编雀头结。

163

 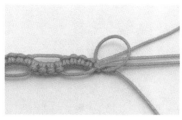 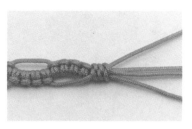

10 / 重复之前步骤，直到接近手腕周长。

11 / 用外侧的两根线，包裹中间的芯线，做包芯线金刚结。

12 / 编三个包芯线金刚结，固定线尾。

13 / 两根线合为一股，两股线一起编一个双线纽扣结。调整纽扣结距离金刚结部分约3mm。

14 / 纽扣套进扣圈测试是否松紧合适，然后剪去多余的线，用打火机烧熔线头粘紧。

15 / "在路上"完成。

✚ 小贴士

▶ 此款手绳适合用较硬的线制作，容易构成纹理且不容易变形。

▶ 结尾可以用珠子，只需注意开头做雀头结线圈时要根据珠子大小制作。

▶ 可以抽紧雀头结的芯线，让雀头结部分弯曲，也是另一种效果。

遇红豆

★ ★ ★ ☆ ☆

只愿在最美丽的年华

遇见亲爱的你

思念如红豆色彩般的热烈

此刻的你可否知道？

材料： 5号中国结编织线大红色1米，72号玉线墨绿色2.5米

尺寸： 手绳宽约5mm。样品适合15cm手腕

制作时间： 1.5小时

绳结组成： 双联结P57，金刚结（包芯线做法）P31，双线纽扣结P54

拓展设计

A__换用7号线搭配小路路
通，手绳更显小巧精致。

B__蜡线和瓷珠的搭配，
总是很小清新。

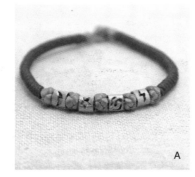

A

B

01 / 5号红线对折，预留1cm线圈，打一个双联结。

02 / 72号墨绿线对折，包着两根5号线，做包芯线金刚结。

03 / 做约6.5cm的包芯线金刚结。

04 / 5号线做一个双线纽扣结，未拉紧结体时，两根72号线从纽扣结中间穿过。

05 / 调整纽扣结，使其紧贴金刚结部分。

06 / 同样的方法再做一个双线纽扣结，并把72号线藏在纽扣结体内。

07 / 调整纽扣结位置，使两个纽扣结紧密排列。

08 / 继续用72号线包着5号线做包芯线金刚结。

09 / 同样做约6.5cm的包芯线金刚结。

10 / 剪去多余72号线,并用打火机烧熔线头粘紧。然后用5号线做一个双联结。

11 / 距离双联结约3mm处,做一个双线纽扣结。

12 / 剪去多余5号线,并用打火机烧熔线头粘紧。"遇红豆"完成。

＋ 小贴士

▶ 此款镯式手绳比较硬朗,成品尺寸比手腕周长略大些无妨。

▶ 因为5号线较粗,做包芯线金刚结耗线较多,如做更大尺寸的手绳,需准备较长的72号线。

▶ 编织此款手绳时,不要急着把手环部分弯成弧形,应尽量把金刚结部分编直编整齐,完成后,利用小瓶子等圆柱形物体,把手绳弯曲成圆弧状。

▶ 此款设计适合中间加孔大的珠子或吊坠装饰。如果珠子孔太小只够穿一根芯线,可以改成双向活扣型,从中间往两边编织。先穿过珠子置于粗芯线中央,粗芯线在珠子两边各做一个单线纽扣结,然后用细线分别在两端做包芯线金刚结,最后用平结做活扣收尾即可。

丰年

★★★☆☆

裁一缕阳光，
藏在你夜归的路旁。
守候着你的脚步，
温暖着我思念的时光。

材料： 72号玉线土黄色1.8米2根，72号玉线黑色1.8米2根
尺寸： 每根四股编粗约2mm，中间蛇结部分粗约8mm。样品适合15cm手腕
制作时间： 1小时
绳结组成： 蛇结P28，金刚结（包芯线）P31，四股编P27，双线纽扣结P54

拓展设计

A＿穿入双钱环，如珠
子一般美妙。

B＿ 搭配日月星辰路路
通，即便是单一颜色也
有精致的纹理。

A

B

01 / 取一黄线一黑线，从中间开始，做14个蛇结。

02 / 蛇结段弯折成圈，用一根黄线和一根黑线，包裹另外两根线做包芯线金刚结。

03 / 做三个金刚结，固定好扣圈。

04 / 余下两根线，对折后夹入同色线，分别做四股编。

05 / 四股编段做约23cm。

06 / 距离扣圈约6cm处，用两根四股编的绳子，做一个蛇结。

07 / 连续编七个蛇结。

08 / 确认两段黄色四股编等长后，在末尾用两根线包裹另外两根线做包芯线金刚结。

09 / 编三个金刚结，固定四股编末尾。黑色四股编也同样处理。

10 / 剪去金刚结编线，用打火机烧熔线头粘紧。

11 / 余下的线，黄黑线两两一组，编一个双线纽扣结。

12 / 纽扣套进扣圈测试是否松紧合适，然后剪去多余的线，用打火机烧熔线头粘紧。

13 / "丰年"完成。

➕ 小贴士

▶ 四股编应编长一些再做中间的蛇结，等确定手绳长度足够再拆掉多余的四股编。

▶ 用细软的线编此款手绳较好，硬朗的线编出四股编后较难再编绳结。

▶ 蛇结制作的扣圈有一定弹性，容易扣上。但佩戴时间长了，扣圈有可能变大，手绳容易松脱。如果不介意扣圈较为粗大，可改用金刚结做扣圈，令扣圈不易变形。

▶ 利用编出的四股编再进行编结，仅适合编制结构简单并具有装饰性的绳结，例如双钱结和发簪结。

丁香语

★★★☆☆

没有油纸伞，
也不在江南的雨巷。
我分明遇见了你，
丁香一般的姑娘。

材料： A号玉线紫红色1.5米，浅紫色1.5米
尺寸： 每个纽扣结宽约3mm。样品适合15cm手腕
制作时间： 2小时
绳结组成： 双线纽扣结P54，单线纽扣结P56

拓展设计

A__ 红黑的搭配总是抢
眼，也有水墨画的感觉。

B__ 用淡雅颜色的蜡线制
作，便是小清新的风情。

A

B

01 / 两线一起对折，每一根紫红色线和浅紫色线分为一股，两股线打一个双线纽扣结。

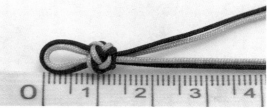

02 / 调整双线纽扣结位置，预留线圈约1cm。

03 / 取一根浅紫色线，编一个单线纽扣结，先不要拉紧。

04 / 取旁边的紫红色线，沿着浅紫色线最后穿出的方向，穿过单线纽扣结中间的洞。

05 / 拉紧单线纽扣结，并调整位置，这样紫红色线就夹在浅紫色的纽扣结里面了。

06 / 同样的方法，用另一根紫红色线再做一个单线纽扣结，也不要拉紧。

07 / 取剩下的浅紫色线，沿着紫红色线最后穿出的方向，穿过单线纽扣结中间的洞。

08 / 拉紧单线纽扣结，并调整位置，使紫红色纽扣结和浅紫色纽扣结错落有致。

09 / 重复之前的步骤，交错做两种颜色的单线纽扣结，直到接近手腕周长。

10 / 剩下的线，像开头那样两根为一股，打一个双线纽扣结。此时可以试验预留线圈大小是否合适，手绳长度是否足够，并对双线纽扣结的位置略做调整。

11 / 确定好纽扣位置和大小后，剪去多余的线，用打火机烧熔线头粘紧。

12 / "丁香语"完成。

＋ 小贴士

▶ 此款手绳关键在于调整单线纽扣结的位置，两种颜色的纽扣结需要错开，也可以中途把两串纽扣结的线交叉来编，层次会更复杂些。

▶ 如需要更多层次，可以编长一些，在手上缠两圈。

▶ 两根线构成的扣圈在佩戴时有点不方便。假如能熟练编织各种绳结的话，可以把开头的扣圈改为蛇结圈或金刚结圈（可参考"丰年"开头的制作），注意开始时先制作一个结尾纽扣作为测试，确保扣圈大小合适后再继续编手绳的主体部分。

花初

★★★☆☆

叶嫩花初，
最美的景致。
最纯真的时候，
遇见萌芽的你。

材料： A号玉线浅紫色1.5米1根，0.5米1根。A号玉线粉红色1.5米1根，0.5米1根
尺寸： 中间图案高约1.5cm，手绳粗约0.4cm。样品适合15cm手腕
制作时间： 1.5小时
绳结组成： 酢浆草结P62，蛇结P28，金刚结（包芯线）P31，平结（双向）P42

拓展设计

A＿用粗线制作花朵，
红黑经典搭配。

B＿利用细金线穿珠并
做装饰，抢眼又时尚。

A

B

01 / 长的浅紫色线对折，做一个酢浆草结。

02 / 紧靠酢浆草结做一个蛇结。

03 / 长的粉红色线同样处理，然后两色绳结如图摆放。

04 / 上下两端粉红色线和浅紫色线，分别做一个蛇结。

05 / 移动两个蛇结，使两个酢浆草结紧密连接起来。

06 / 短的粉红色线，以粉红色酢浆草结耳翼为芯线，对折做一个雀头结固定在耳翼上。短的浅紫色线同样处理。

07 / 上下两端的线，分别往左右弯折，包裹短线，做包芯线金刚结。

08 / 两段金刚结长度对称，编到接近手腕周长。

09 / 剪掉金刚结编线，用打火机烧熔线头粘紧。余下芯线预留约5cm做延长绳，做三个连续的蛇结。

10 / 取剪出的一根浅紫色线，包裹延长绳做三个平结作为活扣。

11 / 剪掉多余的线，用打火机烧熔线头粘紧。

12 / "花初"完成。

▶ 酢浆草结容易变形，为了使手绳耐用美观，最好暗缝中间的酢浆草结，固定耳翼和结体中心。

▶ 通过蛇结连接两根线分别编出的结，以这种方式还可以连接其他绳结，如盘长结、团锦结等。

▶ 酢浆草结的两面，根据中间井字图案的绳套关系，可细分为人字面和入字面，示例手绳的两个酢浆草结，粉红色的是入字面，浅紫色的是人字面。在酢浆草结数量较多时，需要注意结面统一，整个图案看起来才整齐划一，并且整个结也会平整服帖。

酢浆草结的人字面

酢浆草结的人字面

巴黎的云

★★★☆☆

悄悄地，
我梦游去过巴黎
带走一片云彩送给你。

材料： A号玉线大红色1.2米1根，宝蓝色1.2米1根，白色1.2米1根
尺寸： 中间发簪结高约1.7cm。样品适合15cm手腕
制作时间： 1小时
绳结组成： 发簪结P52，金刚结（六线编法）P35，平结（双向）P42

拓展设计

A__换用较粗些的蜡线，
编出的图案更为抢眼。

B__利用珠子和金线的
点缀，增添时尚感。

A

B

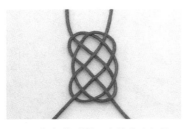

01 / 取红色线对折，在线的中间编一
个发簪结，先不要拉紧。

02 / 取白色线，沿着红色线走向，再穿
一次，发簪结变成两色。

03 / 最后取蓝色线，沿着白色线走向，
也穿一次，发簪结变成三色。

04 / 把发簪结调整紧密，两端的线长
度对称，此时把发簪结上端的线
圈对折剪开，旋转90度，发簪结
两端都有六根线。

05 / 发簪结的右端六根线，开始编六
线金刚结。第一圈为红色。注意
要尽量接近发簪结，这样才能更
好地固定发簪结的形状。

06 / 然后第二圈金刚结为白色。

07 / 第三圈金刚结为蓝色。

08 / 重复之前步骤，再做红白蓝三圈
金刚结，拉紧固定。

09 / 用同样的方法处理发簪结左端的
六根线，做六个红白蓝相间的六
线金刚结。

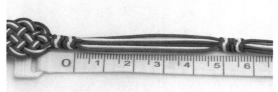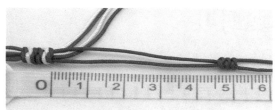

10 / 把右端六根线理顺，距离金刚结部分约5cm处，再编六个红白蓝相间的六线金刚结。左端六根线用同样方法制作。

11 / 用蓝色的两根线，预留约4.5cm的延长绳，编三个金刚结。

12 / 剪去多余的线，并用打火机烧熔线头粘紧。取剪出的一根红色线，包裹两根蓝色延长绳编三个双向平结，作为手绳的活扣。

13 / 剪去多余的红线，用打火机烧熔线头粘紧，做好手绳活扣。

14 / "巴黎的云"完成。

+ 小贴士

▶ 如果熟练掌握发簪结，开始时可以直接用三根线作一股线编，编出发簪结再慢慢调整三种颜色的排列。

▶ 如果六线金刚结不好掌握，也可以用包芯线金刚结代替，这样芯线较容易受到拉扯而滑动，最好整个手绳都用包芯线金刚结，这样手绳更加结实耐用。

遇四叶草

★★☆☆

爱在左，情在右
不经意相遇的一瞬间
原来就是命中注定的
幸运四叶草

材料： A号玉线嫩黄绿1.5米1根，暖草绿1.5米1根，青绿色1.5米1根，抹茶绿1.5米1根
尺寸： 中间吉祥结高约1.3cm，手环粗约3mm。样品适合15cm手腕
制作时间： 2小时
绳结组成： 吉祥结P60，双线纽扣结P54，金刚结（包芯线做法）P31，平结（双向）P42

拓展设计

A__换用两种明快的暖
色线，立刻变身为可爱
小花造型。

B__在吉祥结四端线增
加了双联结，不仅更好
固定结形，更构成独特
的图案。

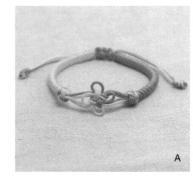

A

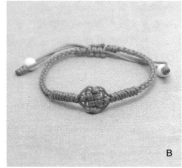

B

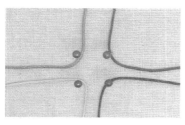

01 / 取每根线的中点，用珠针固定在垫板上，并把线折成十字形如图。

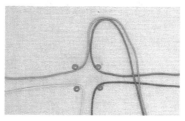

02 / 按照吉祥结的做法，十字四端每两根线为一股，从上端一股开始，向右下方弯折如图。

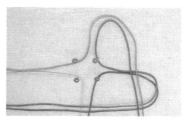

03 / 右边一股向左弯折如图。

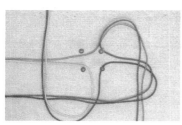

04 / 下端一股向上弯折如图。

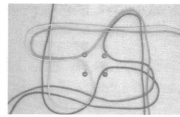

05 / 左边一股向右弯折，并穿出上端线弯折的线圈，四股线交织成井字形。

06 / 去掉珠针，拉紧十字形结体。

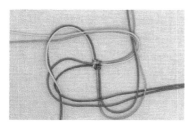

07 / 十字四端每两根线为一股，从上端一股开始，以逆时针方向，依次压在旁边一端的线上，最后一股线穿出上端线留出的线圈，交织成一个方向相反的井字形。

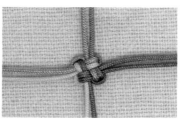

08 / 拉紧吉祥结。

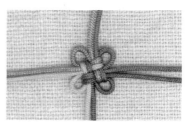

09 / 调整耳翼大小，注意抽紧结体。

181

10 / 旋转结体90度，吉祥结两端各有四根线。

11 / 每端四根线，两根为一股，两股线编双线纽扣结。调整纽扣结时，注意调整中间绳结图案要对称美观。

12 / 右端用青绿色两根线，包裹另外两根线，做包芯线金刚结。左端用嫩黄绿两根线，同样方法编金刚结。

13 / 包芯线金刚结部分约5.5cm。两端金刚结部分长度对称。

14 / 用中心的两根线，预留约5cm的延长绳，编三个金刚结。

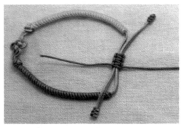

15 / 剪去多余的线，并用打火机烧熔线头粘紧。取剪出的一根暖草绿线，包裹两根延长绳编三个双向平结，作为手绳的活扣。

16 / 剪去多余的线，并用打火机烧熔线头粘紧。"遇四叶草"完成。

➕ 小贴士

▶ 吉祥结容易变形，为了使手绳耐用美观，最好暗缝中间的吉祥结，固定耳翼和结体中心。

▶ 如果没有珠针和垫板，也可以使用透明胶把线贴在桌面上固定，方便编结。

一朵花的馨香，
一段回忆中的歌谣，
都是触不到的美好。

材料： A号玉线暗红色2.5米1根，0.5米2根
尺寸： 中间吉祥结高约1.3cm，手环粗约3mm。样品适合15cm手腕
制作时间： 2小时
绳结组成： 吉祥结P60，雀头结P46，金刚结（包芯线做法）P31，平结（双向）P42

拓展设计

A__改换雀头结加线处，
又是一款新的花纹。

B__加入珠子和搭扣，手
绳更显精致简洁。

01 / 长线对折，在线的中部做一个吉祥结。

02 / 短线对折，分别做雀头结，固定在吉祥结左右耳翼上。

03 / 收紧吉祥结左右耳翼，并且调整各耳翼大小。

04 / 剪开吉祥结上方的耳翼，往左右弯折。

05 / 外侧线包着中间的两线，紧靠雀头结，左右各编一个平结。

06 / 调整好中间的花纹后，用外侧线包着中间的两线，做包芯线金刚结。

07 / 两端编金刚结到适合手腕周长，注意两段金刚结长度对称。

08 / 剪去金刚结的外侧线，并用打火机烧熔线头粘紧。用中心的两根线，预留约5cm的延长绳，编三个金刚结。

09 / 取剪出的一根线，包裹两根延长　10 / 剪去多余的线，并用打火机烧熔　11 / "馨谣"完成。
　　　绳编三个双向平结，作为手绳的　　　线头粘紧。
　　　活扣。

▶ 吉祥结容易变形，为了使手绳耐用美观，最好暗缝中间的吉祥结，
　固定耳翼和结体中心。

▶ 步骤二加入的两根线，可以换细些的线，穿珠子就更方便。

▶ 步骤五采用平结固定花形，是为了方便调整形状。假如对金刚结
　把握得好，可以直接做成包芯线金刚结，能够更好的固定花形。

▶ 吉祥结的耳翼可以穿入珠子，一方面作为装饰，另一方面可以防
　止结体松动导致耳翼脱出，能起到固定结形的作用。

利用珠子固定吉祥结的形状

诗荷
★★★★☆

在田田绿叶中，
盖涩地探出一支粉红色的笔，
在天空为你写下一首宁静的诗。

材料： A号玉线粉红色1.5米1根，A号玉线青绿色0.6米2根
尺寸： 中间图案高约1cm，手绳粗约3mm。样品适合15cm手腕
制作时间： 1.5小时
绳结组成： 盘长结P65，四股编P27，金刚结（包芯线做法）P31，平结（双向）P42

拓展设计

A__盘长结和琉璃珠搭配出典雅的感觉。

B__穿几颗银珠，手绳变得闪闪发亮。

A

B

01 / 粉红色线对折在中间做一个盘长结。

02 / 调整盘长结耳翼如图，并把盘长结上方耳翼剪开。

03 / 旋转90度，左右两线分别做三个金刚结。

04 / 青绿色线对折，分别夹入金刚结两边，做四股编。

05 / 编到接近手腕周长时，用青绿色线包裹粉红色线做包芯线金刚结。

06 / 做三个金刚结固定四股编。两边同样处理。

07 / 粉红色线预留约5cm延长绳，编三个金刚结。

08 / 剪去多余的线，用打火机烧熔线
头粘紧。取一根剪出的青绿色
线，包裹延长绳做三个平结，作
为手绳活扣。

09 / 剪去多余的线，用打火机烧熔线
头粘紧。

10 / "诗荷"完成。

➕ 小贴士

▶ 调整盘长结时用镊子会更方便。

▶ 假如改成纽扣固定，编完第一段四股编后，青绿色
线可以藏在盘长结中间，然后继续第二段四股编。

▶ 调整盘长结的耳翼大小，可以变化出许多有趣的
效果。如果用两线作一股编织，耳翼的变化更为
丰富。

用双线编织盘长结，结
形更大更抢眼

细线编织盘长结能呈现
出秀气的效果

不知周之梦为蝴蝶欤，蝴蝶之梦为周欤？

材料：A号玉线大红色1.5米，72号玉线深啡色1.2米两根
尺寸：蝴蝶图案宽约2cm，手绳宽约4mm。样品适合15cm手腕
制作时间：2.5小时
绳结组成：双联结P57，金刚结（包芯线做法）P31，盘长结P65，双线纽扣结P54

拓展设计

A__加入金线和珠子，蝴蝶更显洋气。

B__粉红色蝴蝶与白玫瑰，甜美又清新。

A

B

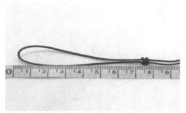

01 / 红线对折，预留7.5cm线圈（手腕周长的一半），打一个双联结，先不要拉紧。

02 / 两根72号深啡线穿过双联结，然后拉紧双联结。

03 / 在双联结下方用红线编一个盘长结，不要拉紧。

04 / 两根72号深啡线穿过盘长结。

05 / 调整盘长结，使其紧贴双联结，并把耳翼调整为图所示形状，上方两个耳翼约2.5cm长，下方两个耳翼约1cm长。

06 / 左下方耳翼翻折如图，形成两个小线圈。

07 / 利用镊子将左上方耳翼穿过两个小线圈。

08 / 右边两个耳翼同样处理。

09 / 调整各耳翼松紧大小，整理蝴蝶形状。

10 / 蝴蝶下方再做一个双联结，深啡色线穿过双联结中间。

11 / 调整双联结位置，把蝴蝶移到深啡色线的中间。

12 / 深啡色线包裹红色线做包芯线金刚结。

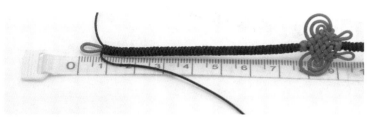

13 / 左端线圈余下约7mm时，收紧金刚结。

14 / 右端金刚结长度和左端对称。

15 / 右端余线红黑各一合为一股，做双线纽扣结。

16 / 检查线圈和纽扣大小是否合适，然后剪去多余的线，用打火机烧熔线头粘紧。"梦蝶"完成。

➕ 小贴士

▶ 如没有镊子，可把耳翼预留大些，把耳翼穿好后再调整形状。

▶ 注意整理结体，把深啡色线藏在结体内。如介意蝴蝶容易露出深啡色线，可直接先用红色线编好蝴蝶，深啡色线在蝴蝶两端分别做金刚结。

如果爱

★★★★★

如果爱，请深爱
虽然每个春天都有百花齐放
但专属于你的那朵玫瑰，
只因爱为你热烈绽放。

材料： A号玉线大红色1米3根。72号玉线深啡色1.2米2根
尺寸： 玫瑰直径约1cm，手环部分粗约4mm。样品适合15cm手腕
制作时间： 2小时
绳结组成： 双钱结P49，双线纽扣结P54，金刚结（包芯线做法）P31，平结（双向）P42

拓展设计

A＿换一种颜色，创造独特的玫瑰。

B＿做成多圈手绳，玫瑰就是最显眼的点缀。

A

B

01 / 取一根红线对折，做一个双线纽扣结。

02 / 收紧纽扣结上方的线圈，做成构件A。

03 / 取另一根红线，在中部做一个松松的双钱结。

04 / 左线绕双钱结内侧再编一圈，如同做双钱环。

05 / 左线从中间的洞穿出。

06 / 右线也从中间的洞穿出。

07 / 收紧结体，做好构件B。

08 / 如做构件B的步骤。取最后一根红线，编两圈双钱结。

09 / 左线再从双钱结内侧走一圈，做成三圈双钱结。

10 / 如做构件B，左右线都从中间的
洞穿出。

11 / 收紧结体，做好构件C。

12 / 构件A的两根编线穿过构件B中
间的孔，和构件B的两根编线一
起，四根线一起，穿过构件C中
间的孔。

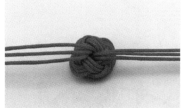

13 / 三个构件穿好后叠放整齐，整理
成玫瑰形状。

14 / 把玫瑰翻过来，把六根编线分成
三根一组。

15 / 深啡色线对折，以三根红线为芯
线，编包芯线金刚结。两边都先
起头。

16 / 把刚起头的金刚结移动到玫瑰底
部，然后继续编金刚结。

17 / 左右两边同样编金刚结，直到接
近手腕周长。

18 / 剪去一根红色芯线，两边同样
处理。

194

 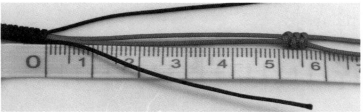

19 / 继续编四个金刚结，把红色线头藏好。

20 / 预留约5cm延长绳，做三个金刚结。

21 / 剪去多余的线，用打火机烧熔线头粘紧。取一根剪出的红线，包裹延长绳做三个平结，作为手绳活扣。

22 / 剪去多余的线，用打火机烧熔线头粘紧。"如果爱"完成啦！

➕ 小贴士

▶ 用线编成的玫瑰较软，可以喷点发胶增加硬度。

▶ 因为玫瑰由三个部件构成，可以用不同的颜色制作，丰富层次。

▶ 注意编构件B和C时，需要把线调整得格外紧密些，因为起初编的是平面绳结，组合之后拢成花形变得立体，所以变成玫瑰时会显得松散。

▶ 用线编的玫瑰是精致的立体造型，做成戒指更适合。做戒指时把两端芯线重叠一部分，用细线包裹着做金刚结，线头藏在玫瑰底下。

梅弄影

★★★★★

疏影横斜，
水波清浅，
暗香盈袖，
一生痴念。

材料：A号玉线大红色2米1根。A号玉线暗红色2米1根
尺寸：团锦结图案直径约1cm。样品适合15cm手腕
制作时间：2小时
绳结组成：雀头结P46，金刚结（包芯线做法）P31，单线纽扣结P56，团锦结P63，双线纽扣结P54

拓展设计

A__用多种颜色和增加
绳数，能丰富层次感。

B__单一的梅花造型也
有古典韵味。

A

B

01 / 暗红色线包裹大红色线，做九个
雀头结。

02 / 雀头结段弯折，暗红色线包裹
大红色线，做包芯线金刚结。

03 / 做三个金刚结，固定扣圈。

04 / 取一根暗红色线，做一个单线纽
扣结。

05 / 用相邻的大红色线做一个团锦
结，先不要收紧。

06 / 把团锦结末尾的线穿过结体中
间，从第三耳翼和第四耳翼之间
穿出。

07 / 收紧团锦结并调整耳翼大小成梅
花形状。

08 / 暗红色线再编一个单线纽扣结，
先不拉紧。

09 / 大红色线从单线纽扣结中间的方
孔中穿过。

10 / 收紧纽扣结并调整其位置。

11 / 重复之前步骤，暗红色线做一个单线纽扣结，大红色线做一个团锦结，再用暗红色线做一个单线纽扣结，并且大红色线穿过此纽扣结中心。

12 / 另一组线同样制作。注意调整绳结位置，令其错落有致。

13 / 暗红色线包裹大红色线做包芯线金刚结。

14 / 做三个金刚结，固定余线。

15 / 每一大红色线和暗红色线合为一股，两股线编一个双线纽扣结。

16 / 剪去多余的线，用打火机烧熔线头粘紧。"梅弄影"完成啦！

+ 小贴士

▶ 因为此款手绳利用团锦结末尾线再穿结体的方式构成六个耳翼，所以梅花形状容易变形，最好暗缝结体固定形状，使手绳造型美观耐用。

▶ 团锦结和单线纽扣结的数量和疏密可根据手腕周长随意安排，亦可穿入珠子增添效果。

图书在版编目(CIP)数据

一学就会的时尚编绳技法/庞长华,庞昭华著.—武汉:武汉大学出版社,2015.10(2024.7重印)
 ISBN 978-7-307-15794-1

Ⅰ.一…　Ⅱ.①庞…　②庞…　Ⅲ.绳结—手工艺品—制作　Ⅳ.TS935.5

中国版本图书馆 CIP 数据核字(2015)第 103438 号

责任编辑:袁　侠　　　责任校对:庞　双　　　版式设计:刘珍珍

出版发行:**武汉大学出版社**　　(430072　武昌　珞珈山)
　　　　　(电子邮箱:cbs22@whu.edu.cn　网址:www.wdp.com.cn)
印刷:湖北恒泰印务有限公司
开本:889×1194　　1/24　　印张:9　　字数:280 千字
版次:2015 年 10 月第 1 版　　2024 年 7 月第 9 次印刷
ISBN 978-7-307-15794-1　　　定价:39.80 元